KB071897

매일 읽는 엄마
한뼘 자라는 아이

한 그루의 나무가 모여 푸른 숲을 이루듯이
청림의 책들은 삶을 풍요롭게 합니다.

마음이 바닥을 칠 때마다 미친 듯이 읽었던 5년의 기록

매일 읽는 엄마
한 뼘 자라는 아이

이자림 지음

청림Life

"어떠한 상황에서도
내 인생의 주인공으로 사는 삶"

엄마들은 매일 바쁘다. 집에 있어도 끝나지 않는 살림과 육아로 바쁜 나날을 보낸다. 일하는 엄마라면 일과 육아의 양립을 위해 엄청난 에너지를 써야 한다. 그런 엄마들에게 "책을 읽어라"는 말이 어떻게 들릴지 생각해본다. 오롯이 혼자 보내는 시간을 갖기도 힘든데 책 읽을 시간이 있기나 한 것일까?

나는 두 아이를 키우는 엄마이자 매일 기차로 출퇴근하는 직장인이었다. 아침에 회사 근처 기차역에 도착하면 기차에서 사람들이 우르르 내린다. 기차역은 순식간에 사람들로 붐빈다. 다들 바쁜 걸음으로 회사로 향한다. 나도 마찬가지였다. 바쁘게 움직이는 발걸음만큼 내 머릿속도 생각이 꽉 차 있고 복잡했다. 하루하루 바쁘고 정신없는 워킹맘으로 살았다. 어느 순간 내 인생에서 무언가가 빠져 있는 느낌이 들었다. 하지만 그 실체를 생각해볼 겨를도 없이 아이를 돌보고 회사를 다니며 시간을 흘려보냈다. 그렇게 몇 년을 버텼고 점점 나는 바닥으로 떨어졌다.

그런 나를 일으켜 세워준 것은 책이었다. 꾸준히 틈이 날 때마다 책을 읽었다. 아이들이 있어도, 출퇴근할 때도, 직장에서도 읽었다. "바쁜데도 책을 읽다니 대단하다"라는 말을 듣고 싶은 것이 아니다. 내가 미친 듯이 책을 읽은 이유는 워킹맘으로서의 생존이 절박했기 때문이다. 일과 육아를 함께하기에는 힘에 부쳤다. 누군가의 도움이 필요했다. 점점 잃어가는 나를 찾아야만 했다. 그때 나에게 도움을 준 것은 책이었고 책을 읽으며 스스로 일어서는 연습을 했다.

그동안 내 신경은 온통 아이와 가족에게만 쏠려 있었다. 그러던 중 책을 읽으면서 삶이 변화하기 시작했다. 내가 좋아하는 것이 무엇인지 생각해보고 작은 것이라도 내가 행복을 느낄 수 있는 것을 선택했다. 책을 읽으며 내 삶에서 진짜 중요한 것이 무엇인지 생각해볼 수 있었다.

점차 긍정적으로 변한 나 자신을 보며, 엄마들도 독서를 했으면 좋겠다는 생각이 들었다. 그런데 일상이 바쁜 엄마들은 도대체 책을 언제, 어떻게 읽어야 할까? 오랜 기간 누구보다 치열하게 산 워킹맘을 바닥에서 일으켜 세운 독서 노하우를 엄마들과 나누고 싶었다.

1장에서는 워킹맘으로 치열하게 살았음에도 늘 가족, 회사, 나에게 미안했던 경험과 책을 읽으면서 달라진 일상의 이야기를 담았다. 책이 주는 위로와 공감을 함께 느끼고 삶을 바라보는 관점을 확장해 행복이란 무엇인지 생각해볼 수 있는 시간을 가질 수 있을 것이다.

2장에서는 시간이 부족한 엄마들이 일상에서 독서 시간을 확보하는 방법과 자신에게 맞는 책을 고르는 방법을 담았다.

3장에서는 책을 읽고 나의 것으로 만드는 방법을 소개했다. 공간에 따른 독서 방법부터 효율적인 필사법, 보물 같은 독서 노트 만드는 법을 알려준다. 제시한 독서법을 따라 해보며 독서를 좀 더 의미 있게 만들 수 있을 것이다. 삶을 긍정적으로 변화시키는 독서 노하우를 살펴보자.

4장은 다른 것은 포기해도 두 아이에게 그림책 읽어주기를 포기할 수 없었던 워킹맘의 이야기다. 아이와 그림책을 함께 읽으며 느꼈던 감정과 깨달음을 소개했다. 엄마와 아이가 모두 행복해지는 그림책 이야기를 담았다.

5장에서는 독서로 새로운 인생을 사는 방법을 엿볼 수 있다. 독서를 통해 두려움을 떨치고 내가 진정 원하는 것이 무엇인지 깨닫게 되면서 인생의 변화가 시작된 이야기다.

일과 육아에 쫓기더라도 엄마들이 자신의 인생에서 주인공이 됐으면 좋겠다. 내가 제시한 독서 방법 중에서 직접 활용할 수 있는 방법을 따라 하며 자신과 마주하는 시간을 갖길 바란다. 매 순간 모든 선택지 앞에서 엄마들이 원하는 방향이 무엇인지 알길 바라는 마음이다. 이 세상 모든 엄마를 응원한다.

이 책이 나오기까지 많은 분의 도움이 있었다. 먼저 나의 원고를 알아봐준 편집 담당자에게 감사한 마음을 전한다. 책이 나오기까지 의사결정에 도움을 주신 출판사 관계자분들에게도 감사의 마음을 전한다. 그리고 일과 육아로 힘들 때마다 적극적으로 도와주신 친정 엄마에게 감사드린다. 일한다는 이유로 아이들이 어리다는 이유로 배려해주시는 시댁 부모님께도 감사드린다. 내 인생의 든든한 지원자이자 나를 많이 사랑해주는 남편과 우리 귀여운 누리와 소울이에게도 사랑과 감사의 마음을 전한다. 책을 내기까지 많은 응원과 도움을 준 아레테인문아카데미 임성훈 작가님께도 감사하다.

마지막으로 이 책을 읽고 있는 독자분들에게 감사한 마음을 전한다. 수많은 책 중에도 이 책을 선택해서 읽게 된 인연에 감사하며, 독자분들 또한 이 책을 통해 삶이 긍정적인 방향으로 흐를 수 있기를 간절히 바란다.

이자림

차례

1장 정말 미칠 것 같아서 매일 읽기 시작했다

2장 나만의 숨은 시간 찾는 틈새 독서법

3장 한 달에 10권 읽기 생존 독서법

4장   아이의 그림책을 읽으며 엄마도 자란다 ✳

5장 ✳ 독서 하나로 새로운 인생을 사는 법

1장

정말 미칠 것 같아서
매일 읽기 시작했다

부족한 엄마라서
미안해

✳

국내 유명 포털 사이트 카페에서 '부족한 엄마'를 검색하면 관련 글이 100만 건이 넘는다.

"순한 아이라서 감정까지 세심하게 챙기지 못했어요. 오늘따라 제가 너무 부족한 엄마인 것 같고 아이에게 미안해요."

"남편과 언성을 높여 말싸움을 하다가 아기를 재우게 됐어요. '우리 아기 예쁘다' 하지 않고 엉덩이만 토닥여줬어요. 못난 엄마가 된 것 같아요."

"태어난 지 100일이 훨씬 지났는데 아기가 옹알이와 뒤집기를 아직 못 해요. 제 탓인 것만 같아 마음이 무거워요."

엄마는 항상 미안한 마음이 든다. 작고 귀여운 아기를 재울 때 엉덩이만 토닥였다고 순식간에 못난 엄마가 될 정도다. 아이가 또래보다 발달이 늦으면 엄마가 뭘 잘못했나 싶어 죄책감을 느낀다. 육아는 사람의 영혼을 키우는 일이다. 아이는 엄마만 바라보고 있다. 엄마가 어떻게 키우느냐에 따라 아이가 달라질 것만 같다. 엄마는 더 잘하고 더 완벽해지고 싶지만 현실은 마음처럼 잘 안 된다. 엄마라면 누구나 이렇다. 100만 건이 넘는 '부족한 엄마' 글 중에는 내가 몇 년 전에 올린 글이 있을지도 모른다. 글의 수만큼 수많은 '부족한 엄마'의 사례가 있었다. 그중에서도 내 시선을 멈추게 한 것은 어느 워킹맘의 글이었다.

"복직을 빨리 해서 아이가 언제 뒤집고 기었는지 아는 게 없어요. 등·하원을 해주는 엄마들을 보면 아이에게 미안해져요. 같은 어린이집에 다니는 친구를 만들어주고 싶은데 기회가 잘 나지도 않네요."

워킹맘은 더욱더 '부족한 엄마'라고 느낄 것이다. 안 그래도 부족한 엄마인데 일에 신경 쓰느라 육아와 관련된 어느 것 하나라도 놓칠까 걱정되고 불안하기까지 하다. 나는 첫째가 태어나고 이 불안감을 떨치기 위해 엄마들이 정보를 공유하는 지역 카페를 들락날락했다. 우리 동네에 나와 비슷한 워킹맘이 있는지 찾아보기 위해서였다.

"혹시 우리 동네에 워킹맘 있으시면 연락하고 지내요. 정보 교환도 하고 애들끼리 친구도 만들고요."

나는 유행에 민감한 사람이 아니다. 그 계절에 유행하는 옷도 다음 해가 돼서야 관심을 가지곤 한다. 다른 사람들이 쉽게 얻는 정보도 한발 늦게 아는 편이다. 원래 이런 성격인데다 회사 일까지 하고 있으니 육아 정보가 더 느리고 뒤처지는 것 같았다. 이런 생각이 육아 불안감을 키웠다. 아이를 키우려면 동네 소식, 어린이집이나 유치원 정보를 많이 알아야 한다고 생각했다. 정보가 느린 엄마 때문에 아이까지 뒤처질 것만 같았다.

정보를 얻는 데 느리고 비사교적인 내 성격이 아이에게 부정적인 영향을 끼칠까 봐 노심초사했다. 아이를 어떻게 키워야 할지 몰랐다. 물어볼 사람이라곤 친구와 친정 엄마밖에 없었다. 친구들에게 물어보는 것은 한정적이었고, 친정 엄마는 애들은 알아서 잘 큰다는 입장이었다. 안 그래도 부족한 사람인 내가 워킹맘이 되면서 더 부족한 사람이 된 것 같았다.

첫째 아이가 어린이집에 입소하고 첫 상담을 했다.

"저는 일하는 엄마라서 육아 관련 정보가 별로 없네요. 혹시 다른 엄마들은 한글 교육을 언제부터 시키시던가요?"

선생님과 아이에 관해 이야기를 나누는 중에 이런 질문을 던진 적이 있다. 지금 생각하면 참 바보 같은 질문이다. 한글 교육에 관한 정보는 인터넷에 검색만 해도 쉽게 찾을 수 있다. 육아 기준이 명확하지 않았던 나는 조금이라도 기회가 생기면 궁금한 것을 묻곤 했다.

엄마들의 모임은 조리원부터 시작해 문화센터 수업까지

이어진다. 조리원 동기 모임에서 만난 엄마들이 마음이 맞으면 아이들 문화센터를 같이 보내기도 한다. 이때 엄마들이 모여 정보도 교환하고 육아 고민도 해결한다. 그 수다와 정보의 공유가 엄마의 불안을 잠재우기도 한다. 나도 조리원 동기가 한두 명 있지만, 문화센터 수업까지 함께 다닐 수 있는 상황은 아니었다. 그 시간에는 회사에 있기 때문이다. 아이가 문화센터를 짧게나마 다닌 적이 있었지만 친정 엄마가 아이를 데리고 다녔다. 휴가를 내고 문화센터 수업에 한 번 참석한 적이 있었다. 당연히 아는 엄마는 없었다. 휴가를 쓴 김에 수업을 같이 듣는 아이 엄마와 커피라도 한잔하며 수다를 떨고 싶었지만 그럴 사람이 없었다.

문화센터 다음은 어린이집이다. 엄마들은 2주간의 어린이집 적응 기간에 아이를 데리고 다니면서 안면을 튼다. 이 기간에도 나는 한 번밖에 참석할 수 없었다. 어린이집 차량으로 아이를 등·하원시킬 때도 내가 나갈 수 없었다. 같은 아파트에 살며 같은 어린이집에 보내는 아이의 엄마들은 나보다 친정 엄마가 더 잘 알고 계셨다.

비슷한 시기의 아이를 키우는 엄마들과의 교류가 적었다. 휴가를 쓰고 시간을 낸다고 하더라도 기회가 잘 생기지 않았다. 지금 시기에는 아이에게 어떤 책이 좋은지, 어떤 장난감을 사줘야 하는지, 어떤 교육을 해야 하는지 막막했다. 결국 육아 정보는 인터넷으로 찾을 수밖에 없었다. 랜선 세상에는 정보가 너무 많았다. 검색할수록 혼란스러웠다. 정보가 너무 많아서 오히려 선택할 수가 없었다. 이게 과연 내 아이에게 맞는 것일까?

정보가 없어도 고민이었고 정보가 너무 많아도 고민이었다. 무엇을 아이에게 제공해야 할지 막막했고 무엇 하나 제대로 결정하지 못하는 내가 너무 부족하게 느껴졌다. 엄마 자격이 없는 것 같았다. 혹시라도 주변 엄마들과 만날 기회가 있으면 촉을 세우고 귀를 기울였다. 육아에 대한 솔루션을 찾기 위해 나의 시선과 정신은 주변 엄마들의 말, 랜선 엄마들의 글에가 있었다.

나는 일하는 엄마인 스스로가 부족한 것 같았다. 이런 내가 아이에게 나쁜 영향을 미칠까 봐 전전긍긍했다. 나는 스스로를 한없이 낮추고 있었다. 그리고 아이에게 미안했다. 누군가가 나에게 말하지 않아도 나 자신이 말하고 있었다.

"너 왜 이것밖에 못 해!"

엄마,
아이 좀 봐줘

*

'황혼육아'라는 말을 들은 적이 있는가? 인생의 황혼 시기에 있는 조부모가 손주를 돌보는 것을 말한다. 맞벌이 부부가 증가하면서 손주의 양육을 맡는 조부모도 증가하고 있다. 황혼육아를 찾아보면 '손자병'이 함께 검색된다. 장시간 손주를 돌보면서 발생하는 질병이다.

맞벌이 부부들은 밖에서 일하는 시간 동안 아이를 맡아줄 기관이나 대리 양육자가 필요하다. 아이를 어린이집에 맡긴다고 하더라도 시간 제약이 있다. 결국, 가장 가까운 부모님께 아이를 부탁하게 된다. 부모님은 자식을 다 키우고 편안한 노후를 보내야 하는 시기지만 일하는 아들, 딸을 도와주고 싶은 마음에 손주를 맡아 육아를 하게 된다. 하지만 현실은 손주들을 돌보느라 여기저기 아프고 힘들다. 황혼육아의 정의에 손자병이 괜히 있는 게 아니다.

보건복지부의 '2018년 보육실태조사'에 따르면 개인 양육 지원을 받는 사람의 83.6%가 조부모의 도움을 받고 있었다. 그중에서 주 제공자는 외조부모가 48.2%로 가장 많았다고 한다. 나 역시 친정 엄마에게 아이를 맡겼다. 내 아이를 가장 잘 봐주실 분, 가장 편한 분, 가장 믿는 분이었기 때문이다. 남편은 직장이 타지에 있어 우리는 주말 부부를 하고 있다. 베이비시터를 고용할 때의 비용을 따져보니 도저히 엄두가 나지 않았다. 나는 새벽에 출근하고, 밤에는 빨라야 8시에 온다. 베이비시터에게 아이를 맡긴다면 하루 8시간 이상 근무에 초과 수당이 붙는다. 내 월급이 베이비시터 월급으로 그대로 나갈 판이다. 나도 하루 8시간 이상 근무하면 녹초가 된다. 활발한 아이를 돌보면서 매일 8시간 이상 근무한다면 육아의 질이 떨어질 수도 있는 일이다. 베이비시터는 기본적으로 아이들을 좋아하겠지만 부모로서는 아이를 안전하게 잘 봐주실 분인지 검증하는 것도 하나의 과제다. 혹시 야근이라도 하게 되면 미리 상의를 해야 한다. 베이비시터가 시간이 안 되면 나도 시간을 뺄 수가 없다. 비용, 안전, 시간 활용에 있어 엄마에게 아이를 맡기는 것이 제일 나은 선택이었다.

"엄마, 누리 좀 봐줘."

"그래. 일 그만두면 40, 50대 돼서 후회한다. 너는 퇴직할 때까지 일해라. 누리는 내가 봐줄게."

워킹맘으로 살아오신 엄마는 나의 전폭적인 지지자였다. 여자도 일해야 한다는 생각을 가지고 계셨다. 많은 엄마들이 아이 때문에 일을 그만둔 것을 후회한다며, 나는 퇴직 때까지 일하라고 하셨다. 회사에 복귀하는 것에 고민의 여지가 없었다.

첫째 아이는 할머니의 품 안에서 사랑으로 안전하게 컸다. 나는 엄마를 믿고 회사 일에 몰입할 수 있었다. 누군가가 "아이는 어떻게 하고 출근해요?"라고 물으면 "엄마가 아이를 봐주세요. 아이와 너무 잘 놀아주고 잘 챙겨주셔서 걱정 없이 일해요"라고 말했다. 엄마와 나는 최고의 팀워크를 가진 한 팀 같았다. 나는 장시간 아이를 정성껏 봐주시는 엄마께 항상 감사했다. 엄마는 고생하는 딸을 생각해서 여유가 될 때마다 살림까지 거들어주셨다. 주변 사람들도 일과 육아를 다 잡았다며 나의 상황을 부러워했다.

그러다 예상치 못하게 둘째 아이가 생겼다. 막달이 될 때쯤에는 회사 업무에 변경이 있었다. 장거리 출퇴근에 새로운 일까지 배워야 해서 체력적으로 부담이 됐다. 나는 내 몸을 챙기기에도 힘에 부쳤다. 자연스럽게 엄마에게 신경을 덜 쓰게 됐다. 하지만 내가 힘든 만큼 엄마도 힘들어하고 계셨다. 둘 다 꾸역꾸역 시간을 흘려보냈다. 두 번째 육아휴직만을 기다렸다.

육아휴직 기간은 꿀맛 같았다. 나도 나지만 엄마에게 장시간 쉴 기회를 드릴 수 있었기 때문이었다. 다만, 회사 상황을 고려해 출산휴가와 육아휴직을 합쳐 5개월만 쉬고 복귀를 했다. 복귀를 하면 엄마가 첫째 아이와 둘째 아이를 다 봐줘야 했다. 심적인 부담이 컸다. 엄마는 아이가 큰 만큼 더 나이가 들었고 예민해졌다.

"도대체 주말에 애를 어떻게 봤길래 애가 목욕을 안 하려고 하노?"

금요일 밤이면 엄마는 무조건 집으로 간다. 그래야 체력을 보충하고 주중에 아이들을 돌봐주실 수 있다. 주말에는 남편과 내가 아이들을 본다. 이것은 우리 집 불문율이었다. 주말 사이 아이에게는 아무런 일도 없었다. 평소와 다르지 않게 생활하고 목욕도 했다. 그런데 둘째가 갑자기 목욕을 하지 않겠다고 떼를 부렸다. 받아둔 물에 발을 담그려고도 하지 않았다. 그것 때문에 엄마는 진이 빠졌고 그 원망을 나에게 했다. 주말에 무슨 일이 있었나 되짚어봐도 아무 일도 없었다. 억울했다.

"이거 지금 내 먹으라고 가져온 거가?"

"아니, 회사 식당 이모님이 주먹밥을 좀 싸주셨어. 많이 싸주셔서 몇 개 먹고 남은 거야."

퇴근 전, 회사 식당 이모님이 멀리서 출퇴근하는 나를 위해 주먹밥을 많이 싸주셨다. 퇴근길 차 안에서 몇 개 먹고 남은 것을 식탁 위에 올려놓았다. 그걸 본 엄마는 회사에서 먹고 남은 것을 가져와 자신에게 주는 줄 알고 나에게 쏘아붙였다. 당황해서 말보다 눈물이 먼저 났다. 나중에 상황 설명을 했지만 그렇게 오해할 수 있다는 사실에 충격이 컸다. 엄마가 많이 예민해졌구나 싶었다. 둘 다 체력적으로 힘에 부치니 대화도 날카로워졌다.

최고의 육아 조력자이자 육아 멘토였던 엄마가 내 아이들을 돌보다 번아웃이 온 것 같았다. 항상 여유가 있었던 엄마에게서 날 선 예민함이 보였다. 내가 아이들을 맡겨서 그렇다고 생각했다. 그런 엄마를 볼 때마다 회사를 그만둬야 하나 고민이 됐다.

아버지가 일찍 돌아가시고 엄마는 언니와 나를 키우기 위해 평생을 워킹맘으로 살았다. 내가 아이를 맡긴 이후부터는 내가 드리는 양육비로 생활을 하고 계셨다. 내가 회사를 그만두면 엄마는 다른 일을 찾아야 하는 상황이었다. 그 연세에 밖에서 일하기도 쉽지 않을 텐데, 차라리 내가 일을 하고 양육비를 드리는 게 맞지 않을까 생각했다. 줘도 그만 안 줘도 그만인 양육비가 아니라 반드시 챙겨 드려야 하는 양육비였다.

갱년기 증상까지 겹쳐서 엄마는 심리적으로도 많이 위축됐다. 밖에서 인생을 즐기며 에너지를 받아야 하는 연세에 아이들에게 없는 에너지까지 다 쓰고 있었다. 나는 일과 육아를 모두 해내야 한다는 의무감에 그런 마음을 돌봐드리지 못했다. 솔직히 말해서 나도 너무 피곤했다. 잘해야지 하면서도 툭툭 못난 말들을 뱉어냈다.

　내 아이의 육아를 맡기는 것이 죄송스러웠다. 내가 아이를 돌본다고 일을 그만두면 엄마가 본인의 생계를 위해 일을 해야 하는 상황도 마음이 아플 것 같았다. 책임감과 미안함으로 고민했다. 내가 아이를 돌보며 생계가 가능할 정도로 용돈을 챙겨 드릴 수 있는 일은 없을까? 시간을 쪼개며 고민을 해봤지만, 쉽사리 답은 나오지 않고 시간만 흘러갔다. 엄마의 얼굴에는 생기가 사라지고 주름살이 늘었다. 세수할 때마다 늘어난 주름살을 확인하실 텐데 딸은 주름살을 펴드리기는커녕, 주름살을 늘리고만 하고 있었다. 나는 매일 아침 엄마에게 아이들을 맡기고 현관문을 나서며 차마 내뱉지 못한 한마디를 삼켰다. "엄마, 미안해."

나의 하루는
6시에 시작한다

✳

출근길, 오랜만에 인스타그램 앱을 켰다. 지인들의 행복한 일상이 눈에 들어왔다. 따뜻한 아침 햇볕이 내리쬐는 새하얀 테이블, 그 위에 소설책과 함께 놓여 있는 갓 내린 커피. 지인이 책을 읽기 전에 찍어 올린 사진이었다. 아이들을 유치원에 보내고 난 후 조용한 아침 시간을 보내고 있었다. "굿모닝!" 피드 글이 이어졌다.

하지만 난 "굿모닝"이 아니었다. 일과 육아에 파묻혀 있었다. 한가롭게 보내는 아침의 시간이 사무치도록 부러웠다. 나도 오롯이 즐기는 내 시간을 갖고 싶었다. 평일에는 회사와 집을 오가느라 아이들과 산책 한 번 나갈 여유도 없었다. 내 시간이 있을 리가 없었다. 그 테이블 앞에 내가 앉아 있고 싶었다.

나의 아침은 6시에 시작한다. 알람이 울린다. 그 소리에 정신이 번쩍 든다. 아이들이 큰 대자로 뻗어 쌕쌕거리며 옆에서 자고 있다. 혹시라도 아이들이 깰까 봐 급히 알람을 끈다. 벌떡 일어나 후다닥 출근 준비를 하고 오늘도 아이들과 씨름할 엄마와 귀여운 아이들을 뒤로하고 집을 나선다. 출근하는 건지 퇴근하는 건지 여전히 어두컴컴한 새벽이다.

집에서 나오면 육아에서 해방될 것 같지만 육아와 살림의 끈은 끊어지지 않는다. 버스 정류장으로 걸어간다. 갑자기 아이들이 먹을 과일과 간식이 부족했던 것이 생각난다. 먹을 것이 부족하면 아이들이 외할머니에게 사달라고 조를 수도 있다. 그러면 엄마는 아이들을 챙겨 일부러 밖에 나가야 한다. 핸드폰으로 마트 앱을 켜고 온라인으로 장을 본다. 퇴근할 때 마트에 들러 장을 보면 최소 20분은 늦게 집에 들어가게 된다. 그 시간만큼 엄마와 아이들이 나를 더 기다리게 된다. 몸은 밖에 있지만, 틈틈이 육아 모드다. 출근 시간도 온전한 출근 시간이 아니라 육아에 부족한 부분을 채우는 시간이다.

제시간에 회사에 도착한다. 업무를 할 때는 최대한 집중한다. 무슨 업무든 여러 가지 일을 동시에 해도 실수하지 않아야 한다. 그렇게 해야 제시간에 퇴근할 수 있다. 업무 효율이 무척 높을 것으로 예상한다. 아이 안고 요리하기, 한 손으로 공놀이하며 다른 손으로 소꿉놀이하기 등 집에서 쌓고 있는 멀티태스킹 능력을 회사에서도 발휘한다. 미친 듯이 일을 한다. 일의 목표가 칼퇴근인가 싶을 정도로 시간 내에 최대한 마무리한다.

일을 마친 후에는 바쁘게 집으로 돌아온다. 퇴근길에는 앱에 올라온 유치원 주간표나 준비물 등을 확인한다. 혹시라도 준비해야 할 물건이 있다면 퇴근길에 처리한다. 첫째 아이는 한 달에 두 번 자연학습장 체험을 간다. 매달 가는 날짜가 다르다. 그런 날은 끈 달린 물병을 꼭 챙겨야 한다. 유치원 행사도 잊은 것은 없는지 살펴보고 메모해둔다. 퇴근길 차 안에서 핸드폰을 들여다보고 있는데 전화가 울린다.

"엄마, 어디야?"

"엄마 지금 지하철 갈아탈 거야."

"그럼, 시곗바늘이 어디 가야 도착해?"

"8시. 긴바늘이 12, 짧은바늘이 8에 가면 도착할 거야."

내가 없는 시간에 외할머니가 신경 써서 봐주시지만 아이들은 엄마를 기다린다. 전화라도 오는 날은 마음이 더 바쁘다. 집 앞에 도착해 현관 비밀번호를 누른다. 띠띠띠띠 띠리릭. 아이들이 "엄마다" 하며 반갑게 맞아준다. 오늘도 손주들을 안전하게 잘 돌봤다는 친정 엄마의 한숨이 들린다. 저녁 8시에 늦은 저녁을 먹는다. 나를 기다리는 아이들과 피곤해하는 엄마를 생각하면 저녁을 먹는 것도 사치 같다. 최대한 빨리 먹고 치울 수 있게 국에 밥을 말아 먹는다. 사실 먹는다는 표현보다

털어 넣는다는 표현이 더 적절한 것 같다. 이마저도 아이들과 이야기하며 먹으려니 밥이 코로 들어가는지 입으로 들어가는지 알 수가 없다.

아이가 한 명일 때는 퇴근해서도 힘껏 몸으로 놀아줬지만 아이가 둘이 되니 체력이 바닥이다. 영혼까지 끌어모은 힘으로 아이들과 놀아준다. 잠이 오기 직전까지 놀다 보니 밤 10시가 훌쩍 넘는다. 책을 읽어주며 토닥토닥 아이들을 재우다 나도 기절하듯 잠이 든다.

'내 삶의 주인공은 나'라고 하는데 워킹맘에게는 아닌 말이었다. 나만 바라보고 있는 아이들과 육아를 맡기는 처지에 한없이 죄송스러운 엄마가 내 삶의 주인이다. 나의 시간과 에너지는 그들을 따라 흘러간다. 그러다 어느 날은 서러움이 폭발한다. 누군가가 나를 좀 위로해줬으면 좋겠다는 생각이 든다. 가족도 워킹맘의 삶을 이해하지 못한다는 생각이 들 때는 철저하게 외로웠다.

건강하고 귀여운 아이들도 있고 다닐 직장도 있는 사람이 외롭다니, 누군가는 복에 겨운 소리라고 할 수도 있다. 맞는 말이다. 워킹맘의 삶이 매일 힘든 것은 아니다. 어떤 날은 건강한 아이들을 보며 감사하는 마음이 들기도 한다. 회사 일이 잘 풀리는 날이면 이 맛에 일한다고도 생각한다. 아이들을 맡길 수 있는 엄마가 계신 것도 행운이다. 그 힘으로 으쌰으쌰

해가며 출근과 퇴근을 반복한다.

그러다 한 번씩 울컥한다. 꿀벌같이 일만 하다가 죽을 것 같은 기분이 든다. 하루 24시간 안에 36시간을 구겨 넣고 사는 것 같은 느낌이다. 초시계만큼 빠르게 움직이며 일과 육아를 정신없이 챙기는 나의 삶에 한 번씩 쓰나미처럼 밀려오는 감정들이 폭발한다.

첫째 아이가 다섯 살쯤에 지인과 키즈카페에 갔다. 아이들이 노는 틈에 지인과 수다를 떨 시간이 생겼다. 지인은 내가 회사에서 무슨 일을 하고 있는지 궁금해했다.

"언니는 회사에서 무슨 일 해요?"

"여러 업무 하다가 지금은 애널리스트 업무를 맡고 있어. 회사 성과 리포트 하고 자료 만드는 업무야."

"와, 멋지다."

"직책이 그런 거지 멋진 것 없어. 내 시간도 없고 사는 것도 정신이 없어."

사람들은 직장을 다닌다고 하면 어떤 회사에서 무슨 일을 하는지 궁금해한다. 멋있다고 한다. 그냥 하는 말일 수도 있지만, 그 '멋있음' 뒤에 얼마나 바쁜 삶을 살고 있는지 누군가가 알아봐줬으면 싶었다. 멋있다고 말하는 사람들에게 나 사실은 이렇게 산다고 주저리주저리 덧붙일 수도 없다. 나는 왜 이렇게 바쁘게 살까? 여유로운 워킹맘이란 존재하기는 하는 걸까? 같은 워킹맘을 찾아서 묻고 싶지만, 친구 중에도 워킹맘이 잘 없다. 직장 내 여자 선배들과 이야기하는 것도 점심시간 정도다. 속 깊은 이야기를 하기에는 시간이 짧다.

꾸역꾸역 시간이 흐르고 어느덧 워킹맘 8년 차가 됐다. 여전히 나의 시간을 일과 육아로만 꾹꾹 눌러 담아 흘려보내고 있는 것 같다. 갑자기 서글픈 생각이 들었다. 잠시 눈 붙이고 일어나 출퇴근을 반복한다. 퇴근 후에도 육아에 매여 있다. 소중한 아이들과의 시간이 너무 짧다고 느끼면서도 그 시간이 힘들 때가 있다. 일과 육아의 균형이 무너지고 있었다.

그럼 이만
퇴근하겠습니다

✳

워킹맘이 직장 생활에서 가장 스트레스받는 순간은 언제일까? 많은 사람들이 '눈치 보며 퇴근해야 할 때'를 1순위로 꼽았다고 한다. 이어 '임신, 출산으로 고용 불안을 느낄 때' '워킹맘에 대한 편견을 마주할 때'도 높은 응답률을 보였다("워킹맘 91% 퇴사 고민, 절반은 실제 퇴사" 〈환경일보〉 2021년 3월 17일 기사).

나는 매일 저녁 약속이 있다. 기차와의 약속이다. 내가 다니는 회사는 사는 곳과 다른 지역에 있어 기차로 출퇴근을 해야 한다. 상황에 따라 시외버스도 타지만 주로 기차를 탄다. 기차는 출발시간이 정해져 있다. 나를 위해 1분도 기다려주지 않는다. 기차를 놓치면 어쩔 수 없이 다른 대중교통을 이용한다. 그렇게 되면 집에 가는 시간이 늦어진다. 아이들과 엄마는 나를 기다린다. 되도록 정해진 시간에 집에 도착해야 한다. 칼퇴근은 필수다.

6시, 퇴근 시간이다. 컴퓨터와 자리를 정리하고 일어선다. 가방을 가지러 여자 휴게실로 간다. 조용히 움직이다가 손에 쥔 물건을 떨어뜨리고 말았다. 물건이 통통 튀다가 또르르 굴러간다. 그 소리가 요란하게 들린다. 누구보다 먼저 퇴근하는 중이라 조용히 가고 싶었다. 요란한 소리 때문에 사람들이 쳐다본다. 다행히 우리 회사는 칼퇴근에 자유롭다. 하지만 똑같이 근무하고 똑같이 칼퇴근해도 괜히 눈치가 보이는 것은 워킹맘인 나의 자격지심 때문일까?

내가 다니는 회사는 글로벌 회사라 외국인과 함께 일한다. 최근까지는 주로 중국, 대만, 싱가폴, 인도, 미국 사람과 일했다. 나라별로 시차가 있어 내가 퇴근 시간이어도 다른 나라 동료는 일하는 시간이다. 퇴근 시간 가까이 돼 급한 요청이 오기도 한다. 그럼 일을 처리하느라 조금 늦게 퇴근할 수도 있다. 그런 상황에 대비해 혹시 내가 줘야 할 자료가 있다면 마감 기한보다 미리 전달한다. 일부 자료는 머릿속에 내용을 정리해 누가 묻더라도 바로바로 대답할 수 있도록 한다.

주요 업무 외에도 사내에서 여러 가지 역할을 맡고 있다. 그중 하나가 안전 시스템 일부를 맡아 관리하는 역할이다. 한동안 내가 맡은 시스템 때문에 글로벌 미팅에 참석해야 했다. 글로벌 미팅은 시차 때문에 밤 또는 새벽에도 열렸다. 그 미팅에 참석해야 다른 직원에게 내용을 전달할 수 있었다. 나를 기다리는 가족을 생각하면 사무실에서 늦게까지 있을 수가 없었다. 그래서 노트북을 들고 다녔다.

어느 날 밤 10시에 미팅이 있었고 아이들은 아직 잠에 들지 않았다. 컴퓨터를 켰다. 아이들이 달려왔다.

"엄마, 귀에 그거 뭐야?"

"어, 헤드셋. 엄마 미팅 곧 시작하니까 조용히 있어야 해."

"엄마, 나도 한번 해보자. 나도 들어보자."

"안 돼, 엄마 미팅 시작이야. 조용히 해."

"이잉, 딱 한 번만!"

헤드셋 너머로 목소리가 들렸다. 아이들은 내 옆에 바싹 붙어 헤드셋을 한 번이라도 써보고 싶어 했다. 어쩔 수 없었다. 엄마의 도움이 필요했다. 아이들을 미팅 끝날 때까지 엄마에게 맡길 수밖에 없었다. 죄송한 일이었다. 새벽에 미팅이 있을 때는 잠을 덜 자고 참석했다. 몇 차례 하다 보니 힘이 들었다.

"이사님, 이 일은 도저히 못 하겠어요. 미팅 시간이 제 생활과 너무 안 맞아요. 어떻게 하면 좋을까요?"

"지금 못 하겠다고 하면 이미지가 안 좋아지니까, 조금만 있어 보자."

주어진 업무를 스스로 포기하다니, 자존감이 떨어졌다. 워킹맘이 되니 출근해서 일하는 시간 외에는 따로 시간을 내기가 어려웠다. 시간이 좀 더 흘러 업무가 변경되면서 그 역할도 다른 직원에게 넘어갔다. 다행히 그 직원은 미혼이었다. 야근이라도 자주 하는 회사였다면 지금 내가 여기에 있었을까? 대답은 뻔하다. 울면서 했거나, 퇴사를 했거나.

1년에 몇 차례 저녁 회식이 있다. 주로 연말 회식, 인원 변경 또는 특별한 사안이 있을 때 회식을 했다. 비공식 회식도 있지만 나는 초대 대상이 아니다. 집에 가서 아이들을 봐야 했기 때문이다. 내가 회식에 꼭 참석해야 한다면 주로 점심시간에 했다. 저녁 회식은 1년에 몇 번 안 되기 때문에 되도록 엄마에게 미리 말씀을 드리고 참석했다.

"저는 차 시간이 정해져 있어서 7시 반까지만 있다가 먼저 일어나겠습니다."

내가 회식 가면 하는 말이다. 다들 그러려니 했다. 몇 해 전, 부서에 업무 담당자가 전체적으로 변경된 적이 있었다. 동시에 여러 사람의 업무가 바뀌면서 인수인계가 제대로 안 돼 많이 힘들어했던 직원이 있었다. 오랜만에 부서 회식을 했다. 직원 모두가 참석했다. 돌아가면서 한마디씩 하다가 힘들었던 그 직원이 눈물을 보였다. 그 시각이 저녁 7시 반이었다.

'어쩌지? 지금 가야 하는데. 일어날 분위기가 아니네? 10분만 더 있어 보자.'

나는 부서 과장이다. 과장의 역할은 매니저와 대리 이하 직원 사이에서 이견을 조율하고 업무 지식을 공유하는 것이다. 눈물을 보인 직원과 좀 더 함께 있고 싶었지만 10분을 더 있어도 마무리될 분위기가 아니었다. 그러다 8시쯤에 일어났다. 힘겨운 발걸음이었다. 결국 나는 타야 할 차를 놓쳤다. 집에 더 늦게 도착할 것 같다고 엄마에게 연락했다. 중간 관리자임에도 직원들과 충분히 교류할 수가 없었다. 내 업무 외에 다른 역할을 못 하는 느낌이었다. 우리 가족을 먼저 챙기려니 나만 생각하는 이기적인 회사원이 된 것 같았다.

내가 아이를 낳기 전 일이다. 어느 워킹맘이 둘째 아이를 낳고 얼마 안 있어서 회사를 그만뒀다. 왜 그만두는지, 경력이 아깝지는 않은지, 그때는 이해하지 못했다. 지금은 이해한다. 아이를 보면서 일에 신경 써야 하고 일을 하면서 아이에게 신경 써야 하는 생활이 힘들었을 것이다. 월말 마감 때문에 모두 야근을 하는데 아이 때문에 혼자만 일찍 퇴근해야 하는 것이 얼마나 눈치가 보였을까? 직장 내 인간관계도 중요한데 다른 활동을 전혀 할 수가 없으니 마음도 불편했을 것이다.

한때 나는 여자 후배들에게 좋은 롤 모델이 되고 싶었다. '워킹맘이 돼서도 나는 워킹맘 같지 않게 다녀야지'라고 생각했다. 그렇게 될 수 있을 줄 알았다. 워킹맘인 지금은 오히려 여러 상황 때문에 이해를 받아야 하는 처지다. 야근은 없어야 하고, 칼퇴근은 필수다. 회식 자리에 가도 일찍 자리에서 일어나야 한다. 그렇게 매일 직장과 가족 사이에서 줄다리기를 한다.

쉬고 싶다고 입버릇처럼 말하면서도 일을 그만두지 못했다. 아이, 가족, 돈, 집안일, 회사 일에 너무 먼 미래까지 생각하고 걱정하느라 잠을 설칠 때도 있었다. 주어진 시간 안에 모든 것을 다 처리할 수 없는 현실인데도 나 자신을 몰아쳐 다 해내려고 했다. 그래서 어느 하나 제대로 되는 것이 없을 때도 있었다. 누구보다 나 자신에게 미안했다. 나도 소중한 한 사람인데 아이가 있고 직장이 있다는 이유로 나 자신을 잃어가는 듯했다.

'열심히 살려고 노력하는데 왜 나란 존재는 없는 걸까?' 시간이 지나도 제자리걸음이었고 나는 매일 미안했다. 가족, 회사 그리고 점점 사라지는 나에게 미안했다. 변화가 필요했다. 모두에게 미안한 이 상황에서 벗어나기 위해 나에 대해 알아야 했다. 나는 스스로 "나는 누구인가?" "내가 원하는 것은 무엇인가?" "나는 왜 일하는가?" 같은 질문을 했다. 그리고 그 과정에 책이 있었다. 책을 읽으며 나에게 주의를 기울였다. 진정한 나를 찾고 싶었다.

성공적인 경력이란 '계획'한다고 해서
얻을 수 있는 것이 아니다.
자신의 강점, 자신의 일하는 방식
그리고 자신의 가치관을 앎으로써
기회를 맞을 준비가 되어 있는 사람만이
성공적인 경력을 쌓아나갈 수 있다.

《프로페셔널의 조건》, 피터 F. 드러커

미칠 것 같은 순간,
책이 나를 살렸다

✳

"책은 뭐하러 읽노?"

워킹맘인 내가 늦게까지 책을 읽다가 잠이 든다는 것을 알고 지인이 말했다. 지인은 내 상황에서는 책을 읽기보다 잠을 더 자고 피로를 풀어야 하는 것 아니냐는 의미로 한 말이다. 나는 지인의 말에 공감했지만 그렇다고 해도 책 읽기를 멈출 수 없었다.

예전에는 배경지식을 쌓고 간접경험을 하기 위해 책을 읽는다고 생각했다. 내가 책에 빠져 미친 듯이 읽기 전까지의 생각이었다. 내가 고른 책은 주로 베스트셀러였다. 그것도 많은 사람의 추천이 있어야만 펼쳐 들었다. 자기계발서를 몇 권 읽었지만 뻔한 이야기 같아서 이내 흥미를 잃고 말았다. 아이 엄마가 되고 나서는 시간이 없다는 이유로 한 달에 한 권 읽기도 힘들었다. 육아서를 읽어볼 생각은 하지도 않았다. 지인이 준

《삐뽀삐뽀 119》는 책장에 꽂아두고 궁금할 때만 읽어봤다.

둘째 아이가 태어나고 육아휴직 중일 때였다. 둘째 아이 영유아 검진을 위해 다니던 소아청소년과에 갔더니 몇 개월 치 예약이 다 차 있었다. 영유아 검진 기간이 끝나가는 상황이라 하는 수 없이 다른 병원에 갔다. 나이가 지긋한 여자 의사 선생님이 앉아 있었다. 의사는 아이의 검진 결과에 대해 간단하게 설명을 했고 아이와 함께 진료실을 나가려고 하는데 갑자기 나를 불렀다.

"소울이 어머니, 여기 책 두 권 보이시죠? 이거 읽어보면 좋을 것 같아서 추천해 드려요."

"안 그래도 육아휴직 중에 책을 좀 읽어야겠다고 생각했는데, 육아서네요?"

"네, 제목이 기억 안 날 수도 있으니 사진 찍어 가세요."

집으로 돌아와《엄마가 모르는 아빠 효과》와《하루 10분 엄마 습관》을 주문했다.

동생이 생기면 첫째 아이는 부모가 생각하는 것보다 큰 충격을 받는다고 한다. 자신이 세상의 중심이다가 경쟁자가 생기는 기분은 1등에서 2등이 되는 절망감과 비슷할 것이다. 그만큼 첫째 아이에게는 둘째 아이의 존재가 심리적으로 크게 다가온다는 뜻이다. 그런데 첫째 아이에게 그런 모습이 보이지 않았다. 아이의 심리가 궁금해서 육아서를 읽어볼까 싶

없었는데 마침 낯선 의사 선생님이 추천을 해주셨다. 책은 다음 날 바로 배송됐다.

읽는 내내 손에서 책을 뗄 수가 없었다. '뭐가 이리 재미있지?' 두 권의 책은 첫째 아이를 다섯 살까지 키우면서 느꼈던 것, 놓쳤던 것을 깨닫게 했다. 작가의 이야기로 시작했지만 내 이야기로 끝이 났다. 다음 책을 구매했다. 육아서는 들여다보지도 않았던 사람이었는데 책을 통해 공감하게 되니 스스로 찾아 읽기 시작했다. 두 아이를 돌보며 책을 읽는다는 것이 쉽지는 않은 상황이었지만 책을 손에서 뗄 수가 없었다. 심지어 너무 읽고 싶어서 둘째 아이에게 수유를 하는 중에도 한 손으로 책을 펼쳤다.

나는 지금 어떤 육아를 하고 있는지, 나는 아이들에게 어떤 엄마인지, 아이와의 관계는 어떤지, 앞으로 아이와 나는 무엇에 집중해야 할지 생각하기 시작했다. 이런 고민을 하며 엄마로서 점차 단단해졌다. 더는 주변 엄마와 랜선 엄마의 말에 기웃거리지 않았다. 나의 육아 관심사와 관련된 키워드로 검색해서 나오는 책은 닥치는 대로 읽었다. 아이들을 돌보느라 시간이 따로 나지 않으니 틈틈이 읽었다. 이렇게 나도 모르는 사이 책 읽기가 습관이 돼가고 있었다. 한 달에 열 권, 나를 살린 생존 독서의 시작은 육아서였다. 육아서를 읽다 보니 나에 대해 궁금해졌다. '나는 어떻게 자랐지?'라는 질문은 '나는 누구인가?'라는 질문으로 이어져 심리 서적을 찾게 됐다. 특히 자존감과 관련된 책이었다. 아이의 자존감과 관련된 책에서 나의 자존감을 발견했다. 나는 어떤 사람인가? 그동안 착하고 성실하게 살아온 나를 들여다보면 눈물이 나기도 했다. 책을 통해 위로와 공감을 받는다는 게 어떤 의미인지 알게 됐다.

습관이 된 책 읽기는 회사에 복귀하고서도 이어졌다. 너무 힘들다 못해 바닥으로 떨어지는 자존감을 일으켜준 것은 가족, 친구의 말이 아니라 책을 읽고 난 뒤 나의 생각이었다. 워킹맘이 쓴 책을 읽으며 공감했다. 피식 웃기도 하고 펑펑 울기도 했다. 집과 회사를 반복하는 팍팍한 일상에 소설 읽기를 더해 기분 전환을 했다. 아이 교육과 관련된 책을 통해 교육의 큰 맥락을 세웠다. 사교육 현실에 대해 깨우치고 아이에게 어떤 환경만은 꼭 제공해주겠다는 다짐도 했다. 재테크 책으로 그동안 얼마나 경제에 무지했는지 깨닫고 반성의 시간을 가졌다. 지루하게만 생각했던 자기계발서를 통해 왜 일하는가를 생각해봤다. 에세이를 읽으면서 타인의 생활 방식을 좀 더 폭넓게 이해하게 됐다. 특히 성격이 나와 정반대인 남편의 생활 방식에 대해 인정하게 됐다. 긍정적인 사고방식에 대한 책은 내가 어떤 사람인지를 깨닫게 해줬다. 고전이 무엇인지도 몰랐던 내가 고전을 읽기 시작했다.

"내가 가장 좋아하는 친구는 책을 한 권 선물하는 사람이다." 에이브러햄 링컨의 말이다. 링컨은 노예제도를 폐지하고 남북전쟁을 승리로 이끈, 미국 역사상 가장 유명한 대통령이다. 대통령이라 어릴 때부터 체계적이고 수준 높은 교육을 받았을 것 같지만 사실 링컨이 정식 교육을 받은 시간은 1년이 채 되지 않는다. 링컨의 아버지는 링컨이 공부하는 것을 아주 싫어했다고 한다. 어려운 환경에서도 링컨은 독학으로 변호사가 돼 훗날 정치에 입문하게 된다. 그 밑바탕에는 책이 있었다. 링컨은 항상 책을 가지고 다녔고 틈날 때마다 읽었다. 그는 가게 점원으로 일할 때도 책을 읽을 수 있는 시간이 있다면 단 5분이라도 책을 읽었다. 링컨은 《블랙스톤의 논평》이라는 책을 평생 반복해서 읽었다고 한다. 뿐만 아니라 집에서 반경 50마일 이내에 있는 모든 책을 읽었을 정도로 다양한 책을 읽었다. 링컨은 평생 책을 끼고 살았다. 독서의 힘으로 역경 속에서도 대통령이 될 수 있었다.

링컨에 비할 바는 못되지만, 나도 그가 그랬듯 손에서 책을 놓을 수가 없었다. 책을 읽으면 내 생각을 들여다볼 수 있었기 때문이다. 그동안 사회가 시키는 대로 살아온 나는 이런 시간을 가져본 적이 별로 없었다. 그냥 시간이 흐르는 대로 살아왔을 뿐이었다. 책을 읽으면서 스스로 질문을 던지고 그에 대한 답을 찾아가는 과정이 좋았다.

'왜 이렇게 힘들지? 단지 워킹맘이라서 그런 걸까? 아니

면 내 생각이 잘못된 걸까?'

'나는 어떤 사람이지? 나는 누구일까?'

'나는 왜 이렇게 일을 하려고 하는 걸까? 욕심이 많은 건가? 그 욕심은 왜 생겨났을까?'

묻고 또 물었다. 답을 찾아가면서 많이 울었다. 남들에게 말할 수 없는 내 이야기를 꽁꽁 싸매어 가지고만 있었다. 그러다 보니 마음이 폭발할 것 같았다. 비로소 책을 읽으며 내 마음을 달랠 수 있었다. 아이들이 잠들면 작은 주황색 불을 켜고 숨죽여 책을 읽었다. 읽으면서 내 마음을 들여다보고 치유해나갔다.

독서를 강조했던 사람들의 주장이 맞았다. 마음이 바닥을 칠 때마다 책이 나를 치유하게 도와줬다. '워킹맘이라 힘들다'는 생각에서 벗어나 내 사고 수준을 높이고 확장하게 도와줬다. 바쁘다는 이유로 흘려보냈던 감정과 생각을 붙잡고 들여다보자 미칠 것 같던 순간에서 벗어나게 되었다.

"내가 우울한 생각의 공격을 받을 때
책에 달려가는 일처럼 도움이 되는 것은 없다.
책은 나를 빨아들이고 마음의 먹구름을 지워준다."

미셸 몽테뉴

일상이
책 읽기가 되는 순간①
: 내 마음을 알아간다

✳

"엄마, 태권도 학원 차가 아직도 안 와."

"어, 지금 10분이나 지났네? 엄마가 사범님한테 전화해 볼게. 다른 곳에 가지 말고 학교 정문에서 기다려."

"어, 기다릴게."

오후 4시 15분, 나는 회사에서 일하고 있었다. 아이한테서 전화가 왔다. 아이는 아무리 기다려도 태권도 학원 차가 오지 않는다고 했다. 학원 차는 4시 5분에 학교 정문에 도착했어야 했다. 사범님과 통화 후 차는 4시 30분에 학교 앞에 도착했다. 아이는 혼자서 25분을 기다린 것이었다. 아이는 기다리는 시간 동안 운동장에서 혼자 뛰어다녔다고 한다.

이 상황을 어떻게 받아들여야 할까? 엄마가 일하지 않았다면, 아이는 수업이 끝나자마자 집에 왔을 것이다. 태권도 학원을 가더라도 하교 후 집에 왔다가 갔을지도 모른다. 내가 일

043

을 하다 보니 일정이 계획대로 되지 않는 날에는 아이가 혼자 있어야 하는 경우가 있다. 이런 상황을 겪은 아이를 안쓰럽게 봐야 할까? 아니면 "우리 아들 씩씩하게 잘 기다렸네"라고 해야 할까?

나는 《엄마 심리 수업》을 읽으면서 나의 심리에 대해 생각했다. 이 책에서는 아이가 뒤쳐질까 봐 걱정되는 불안감, 아이가 흘리는 콧물에 느끼는 죄책감, 아이와 대립할 때 느끼는 분노와 불안 등 내 마음속에 묶여 있던 심리에 대해 다루고 있다. 이 책은 아이를 키우면서 느끼는 다양한 감정과 심리가 아이에게 어떤 영향을 미치는지 심층적으로 알려준다. 엄마 냄새는 엄마 마음이라고 한다. 엄마가 아이를 보고 못마땅해하면, 아이에게 못마땅한 냄새가 밴다. 책을 읽으며 아이에게 어떤 엄마 냄새를 풍기게 할지 내 마음을 들여다보는 시간을 가질 수 있었다.

태권도 학원 차가 25분이나 늦어 아이가 학교 운동장에서 혼자 뛰어놀았다. 내가 일하는 엄마라는 이유로 아이를 안쓰럽게 본다면 아이는 안쓰러운 아이가 되는 것이다. 차가 늦게 와도 아이가 무서워하지 않고 씩씩하게 운동장에서 뛰어놀았다는 것을 기특하게 본다면 아이는 기특한 아이가 되는 것이다. 예전의 나였으면 아이를 안쓰럽게 봤을 것이다. 하지만 지금은 아이를 기특하게 보려고 한다. "우리 아들 엄마 없어도, 차가 늦게 와도 씩씩하고 안전하게 잘 기다리고 있었구나! 대견하다"라고.

"내가 괜찮아야 아이도 괜찮다. 걱정하지 마시라. 아이는 괜찮다."《엄마 심리 수업》에 나오는 말이다. 나는 그동안 괜찮지 않았다. 상처가 있었다. 사실 나는 나를 안쓰럽게 보고 있었다. 가난했던 유년 시절과 아빠의 부재로 인해 스스로를 그렇게 보고 있었던 것 같다. 아빠는 오랫동안 해외에 있었고 한국에 돌아와서는 지병으로 돌아가셨다. 나는 내 마음의 상처를 모른 척 외면했다. 내가 나에게 느끼는 연민이 투영돼 아이를 항상 안쓰럽게 보았던 것은 아닌지 생각해봤다. 일정보다 늦은 차를 기다렸던 아이는 "와, 자유다" 하고 운동장에서 신나게 뛰어놀았을지도 모를 일이었다. 그날 저녁 아이와 이야기를 해봐도 아이는 진짜 괜찮았다.

8년 차 워킹맘의 일상에서 내 마음을 들여다보는 시간이 얼마나 있었을까? 어떤 일로 화가 나서 씩씩거리다가도 아이들의 시선과 보챔에 그냥 넘긴 적도 있다. 사실 내 감정을 들여다볼 에너지도 시간도 없었다. 아침에 눈 뜨면 출근하고 일하고 육아하다가 잠이 들고, 다음 날 다시 똑같은 시간을 반복했다. 그 시간을 흘려보내면서 나는 내 마음 하나 들여다볼 겨를이 없었다.

"필요한 것이라곤 한잔의 차와 조명, 그리고 음악뿐이었다." 어두운 조명 아래에서 깊은 명상에 빠져 있는 스티브 잡스, 그는 스물일곱 살에 찍힌 명상에 빠진 자신의 사진을 보며 그렇게 회상했다고 한다. 난 이 문구를 보며 나도 엄마를 찾는 아이들, 괜히 눈치를 보게 되는 베이비시터와 친정 엄마, 끊임없이 던져지는 업무에서 벗어나 한잔의 차와 조명, 음악만을 즐기고 싶었다.

내가 읽은 자기계발서 몇 권에서도 명상에 대한 내용이 나왔다. '명상도 시간이 있어야 하는 것 아닌가?' 이런 의문을 품으면서 읽었다. 읽고 난 후 명상이라는 것이 꼭 따로 시간을 내야 하는 것이 아니라는 결론을 얻었다. 《1일 1명상 1평온》에서 명상은 자기 마음을 들여다보는 일이라고 했다. 명상은 고상한 무언가가 아니라, 빨래할 때 빨래하고, 책 볼 때는 책 보는 집중된 흐름을 이어가는 일이라고 했다. 명상은 시간을 내야 하는 특별한 것, 거창한 것이 아니었다. 일상 속에서 '지금 하는 한 가지 일에 집중만 해도 명상이다'라는 것을 깨닫게 됐다. 워킹맘의 일상에 명상을 가져오기로 했다.

난 항상 일과 육아를 동시에 하는 그 자체로 멀티플레이어였다. 요리하며 아이와 놀기, 한 아이 목욕시키며 다른 아이 숙제 봐주기, 일하면서도 육아 모드 상태였고 일상 자체가 복잡했다. 지금은 아이와 관련된 시간이 아니면 한 번에 한 가지만 하려고 한다. 설거지할 때는 설거지에만 집중하기, 더러워진 운동화 솔질할 때는 솔질에만 집중하기 등 그 집중된 흐름에만 신경을 쓰고 있다.

나는 늘 무엇인가를 계획하고 준비해야 한다는 강박이 있었다. 현재에 집중하지 못하고 앞으로 해야 할 일을 계획했다. 설거지를 할 때는 온라인으로 주문해야 할 목록을 생각했다. 그것을 멈추고 지금의 나에게 집중해보려고 한다. 비록 내 바짓가랑이를 잡고 아이들이 놀자고 졸라대고, 자꾸 엄마를 부르긴 하지만 틈이 날 때는 지금의 나에 대해 집중해본다.

가끔은 자기 전에 명상을 한다. 낮에는 도통 시간이 나지 않기 때문에 자기 직전에 잠시라도 나에게 집중해보려고 한다. 앉아 있기도 싫을 때는 가장 편한 자세로 눕는다. 그리고 내 감정을 들여다본다. 떠오르는 생각이 부정적이든 긍정적이든 '아, 내가 이런 생각을 하고 있구나' '아, 오늘 낮에 있었던 일이 신경 쓰여서 자꾸 생각이 나는구나' 하고 알아차리려 한다. 그러다가 잠이 들기 일쑤지만 내가 나로 온전히 존재함을 느끼는 시간이다.

"그러니까 애를 잘 봐야 한다니까." 첫째 아이는 주말에 신나게 뛰어놀았다. 땀이 많은 아이는 땀범벅이 돼 놀다가 그만 피부에 땀띠가 났다. 거기에 바이러스 감염까지 돼 아이 피부가 뒤집어졌다. 주말이 지나고 집으로 온 엄마가 나에게 쓴소리를 했다. 출근하면서도 계속 귓가에 맴도는 말이었다. 우울감이 차올라 마음이 동요될 때는 이 마음이 나에게 이로운 것일까 물어본다. 이 말을 듣고 '우울했구나'라고 내 마음을 들여다본다. 엄마도 속상한 마음에 한 말이었을 것이다. 출근 해서 따뜻한 레몬티를 탔다. 컴퓨터 마우스를 잡았던 손을 놓고 레몬티가 담긴 머그에 양손을 가져다 댔다. 잠시 레몬티에 집중해 마셔봤다. 짧게 쉬던 숨을 길게 한번 심호흡하고 일을 시작했다. 우울했던 마음이 가라앉았다.

난 스티브 잡스처럼 명상을 위한 시간과 공간을 따로 낼 수 없다. 하지만 일상생활을 그대로 하면서 여러 가지 일을 동시에 하지 않기로 했다. 한 번에 한 가지씩, 어떤 일을 하면 그 하나에만 집중하기로 했다. 출근길, 기차를 타기 위해 이동하는 버스 안이었다. 핸드폰을 가방에 집어넣고 눈을 잠시 감았다. 잠을 자기 위해서가 아니었다. 그냥 떠오르는 감정과 생각을 들여다보기 위해서였다. 잠시 뒤 눈을 떴다. 내 시야에 들어온 장면은 맑고 깨끗한 가을 하늘 아래 늘어선 가로수 사이로 비치는 햇살이었다.

내 마음을 잘 안다고 생각했는데 아니었다. 나도 몰랐던 상처와 고통이 있었다. 아이를 낳고서는 바쁘다는 이유로 들여다보지 않고 있었다. 이제는 책을 읽고 명상을 하면서 나를 알아가고 있다. 그리고 워킹맘이라는 이유로, 부족한 엄마라는 이유로 더는 사소한 것에 미안해하지 않기로 했다.

일상이
책 읽기가 되는 순간②
: 행복이 보인다

✳

"벌써 밤 11시네? 너희들 졸리지? 방에 가서 먼저 누워 있어도 돼."

"그냥 엄마 옆에 있을래."

"엄마 급한 회사 일이 있으니까 빨리 처리할게. 그럼 조금만 기다려줘. 아, 돈 벌어 먹고살기 참 힘들다."

"엄마, 커피 마셔."

회사 월 마감 마지막 날이었다. 동료 중 한 명이 해야 할일을 잊고 있다가 뒤늦게 연락이 왔다. 시간은 밤 11시경이었다. 한숨을 쉬며 노트북을 켰다. 아이들은 굳이 내 옆에 있겠다고 했다. 늦은 시간이라 빨리 끝내고 싶었는데 몇 달에 한번 하는 업무라서 일 처리가 빠르지 못했다. 아이들은 기다리고 일의 속도는 더디고 푸념 섞인 한마디가 저절로 나왔다. 워킹맘으로 살면서 일이 너무 버거울 때면 '돈 벌어 먹고살기 참 힘들다'고 생각했다.

나는 돈이 있어야 행복하다고 생각했다. 내가 일하는 이유 중 하나이기도 했다. 지금 큰돈은 없지만, 앞으로는 생길 것으로 생각하며 열심히 살았다. 맞벌이 부부라 해도 일상생활에 조금 여유가 있을 뿐이지, 내가 생각하는 부자가 되기는 쉽지 않았다. 주식으로 목돈을 마련한 친구, 부동산 수익으로 빚을 다 갚은 친구가 더 부자인 것 같았다. 힘들게 일과 육아를 병행하고 있는 나도 일을 그만두고 주식과 부동산에 뛰어들어야 하나 싶지만 용기가 없었다.

"엄마, 구름 따올 테니까 그네 세게 밀어줘."

"알았어. 로켓 파워!"

어느 주말, 아이들과 놀이터에 갔다. 파란 하늘과 선명한 구름에 기분이 좋아지는 날이었다. 아이는 그네를 타고 있었다. 높이 올라갈 수 있게 밀어달라고 했다. 높이 올라가면 구름을 딸 수 있을 것 같았나 보다. 그네를 타며 신나게 노는 아이들을 보고 있자니 행복해지는 기분이었다. 그 순간만큼은 책에 말한 오늘을 즐기는 부자였다. 행복은 아주 평범한 순간에 오는 것이었다. 두 아이가 신나게 노는 모습을 보며 편안하고 안락한 느낌을 받았다. 돈이 행복의 전부는 아니었다.

"자기는 아들도 있고 딸도 있고 돌아올 직장도 있으니 얼마나 좋아." 둘째 출산 후 육아휴직에서 돌아온 나를 보고 어느 부장님이 하신 말씀이다. 내가 가지고 있는 것에 대해 생각해봤다. 건강한 아이들, 가족을 위해 열심히 일하는 남편, 꼬박꼬박 나오는 월급, 출근할 수 있는 직장, 내 집, 친한 이웃, 가까운 놀이터, 산책할 수 있는 공간 등. 이미 행복을 느낄 만한 것을 많이 가지고 있었다. 그런데 나는 부족한 것만 아쉬워했고 힘들다고만 생각했다.

나는 업무 특성상 다른 나라 사람들과 연락할 일이 많았다. 그들과 일하다 보니 다른 나라 워킹맘은 어떻게 사는지 궁금했다. 워킹맘인 외국인을 만나거나 사내 메신저로 연락할 일이 있을 때는 직장 생활을 어떻게 유지하고 있는지 물어보기도 했다. 남자아이를 키우고 있는 중국인 워킹맘은 친정 엄마가 아이를 봐준다고 했다. 엄마와 자주 'argue'가 있단다. 그래도 건강하시니 얼마나 다행인지 그것에 감사한다고 했다. 나와 비슷한 상황인 것 같았다. 선배 격인 대만 워킹맘은 이미 대학을 졸업한 두 명의 자녀가 있었다. 그동안 아이를 어떻게 키웠는지, 힘들지는 않았는지 물어보니 자기는 좋은 엄마가 아니었다고 했다. 좋은 엄마가 아니라고 생각하는 건 나도 마찬가지였다.

워킹맘이 힘든 건 한국 엄마만의 문제는 아니었나 보다. 《타임 푸어》라는 책을 읽고 미국 워킹맘도 그렇다는 것을 알게 됐다.《타임 푸어》의 작가도 일과 육아를 병행하는 워킹맘이었다. 그녀도 시간에 쫓기는 자신을 보고 더는 이렇게 살 수는 없다고 백기를 들었고 사람답게 사는 법을 탐구했다.

오늘 해야 할 일을 무조건 다 하겠다고 마음먹었지만 갑작스러운 변수에 일정이 꼬인 경험이 종종 있다. 아이가 갑자기 아프기라도 하면 일하다가도 달려가 열 보초를 선다. 매달 친정 엄마 것까지 공과금을 처리한다. 새벽에 쓰레기를 버리고 출근하고, 외출할 때 아이들 물건을 챙기는 일까지 소소한 일거리가 죄다 내 몫이다. 오늘 멀티태스킹으로 여러 가지 일을 처리한다 해도 내일 해야 할 일이 또 있다. 왜 이렇게 바쁘게 쫓기며 사는 것일까? 혹시 나 스스로 바쁘게 사는 삶을 추구한 건 아닐까? 바쁘게 살아야 중요한 일을 하는 사람으로 생각하고 있던 것은 아닌지 나의 고정관념에 대해 생각했다.

모든 사람에게 주어진 시간은 똑같다. 자질구레한 일도 영원히 끝나지 않는다. 모든 일을 어차피 다 끝낼 수 없다면 삶을 대하는 태도를 바꾸는 게 낫겠다고 생각했다. 바쁜 삶은 무엇인가. 중요한 일을 하는 것이 의미 있는 삶이라는 고정관념을 깨부수고 워킹맘의 일상에 여유를 찾으려고 했다.

앞만 보고 달리다 보니 지금의 행복을 모르고 지나치고 있었다. 돈이 많아야 행복하다, 바쁘게 살아야 중요한 사람이라는 고정관념을 버리니 많은 것이 눈에 들어왔다. 아침 햇살을 맞으며 기분 좋게 덩실덩실 춤추는 아이, 보름달 보며 소원을 빌라 하니 "달님, 아이스크림 사주세요, 사탕 사주세요, 케이크 사주세요"라고 말하는 아이, 출근길에 느껴지는 맑은 공기, 이른 산책을 하러 나오는 사람들과 귀여운 강아지.

흑백만 있던 워킹맘의 그림에 다채로운 색깔이 입혀지는 기분이었다. 일상을 좀 더 세심하게 바라보게 됐다. 그리고 일상의 감사함을 느끼게 됐다. 출근해서도 바쁜 마음으로 컴퓨터를 켜고 커피 한잔을 벌컥벌컥 마시는 삶이 아니라, 바쁘지만 커피 한잔도 정성을 쏟아 마시는 것, 그것이 행복이었다.

일상이
책 읽기가 되는 순간③
: 관점이 달라진다

✴

"야야, 우리 언제 보겠노?"

"지금 코로나 심각하다고 모이지 말라는데 당분간은 못 만나겠다."

"아이고, 이러다 저승 가서 만나겠다."

"그래, 저승 가는 티켓은 네가 먼저 구해라."

"하하, 코로나 좀 잠잠해지면 꼭 만나자. 그때까지 건강하고."

여느 때처럼 회사로 출근하고 있었다. 나는 기차나 버스에서 내린 뒤 택시를 타고 회사에 간다. 그날은 나이가 지긋한 기사님이 운전하는 택시를 탔다. 택시 기사님은 스피커를 틀어놓은 채로 친구와 전화 통화를 하고 계셨다. 그래서 대화 내용을 전부 들을 수 있었다. "저승에서 만나겠다"라는 말에 공감도 되지만 슬프기도 했다. 그런 농담을 주고받을 수 있다는 것은 두 분이 건강하다는 뜻이기에 한편으로는 재미있기도 했다.

코로나 확산 이후 '코로나 블루'라는 단어가 자주 검색된다고 한다. 코로나 확산으로 일상이 달라지면서 생기는 우울감을 뜻한다. 2020년 갑작스럽게 재택근무를 하게 되면서 나도 코로나 블루를 겪었다. 물론 재택근무를 하면서 아이들을 더 돌볼 수 있어서 감사한 마음이었지만 집에만 있는 두 아이를 돌보면서 일까지 하는 건 정말 어려운 일이었다. '돌밥돌밥(돌아서면 밥)' '돌설돌설(돌아서면 설거지)'이라는 유행어는 딱 나의 현실이었다.

처음에는 나와 두 아이 모두가 재택근무라는 상황에 적응해야 했다. 나는 줌 미팅 중간에 끼어들려는 아이들을 막아야 했고, 내가 발표하는 시간에 아이들 떠드는 소리가 전해질까 봐 방을 옮겨 다녀야 했다. 신나게 놀아야 할 아이들은 일하는 엄마 때문에 행동에 제약을 받았다. 나는 재택근무를 해도 출근해서 일하는 것과 다름없이 일하려고 신경을 썼다. 그러면서 잠시 코로나 블루가 왔다. 아이를 달래다가 소리치며 혼을 내는 내 모습에 우울감이 몰려왔다.

다행히도 나에게는 책이 있었다. 밤마다 도망치듯 책을 펼쳤다. 코로나 블루 시기에도 책 읽기는 멈출 수 없었다. 누군가는 살기 위해 책을 읽고, 누군가는 아프지만 책을 읽었다고 한다. 나는 워킹맘으로 생존하기 위해 책을 읽었다. 책은 날카로워진 신경을 다듬어주고 삶을 보는 시각을 넓혀줬다.

'카르페 디엠'이라는 말이 있다. 흔히 '현재를 잡아라'라는 말로 쓰이며 '삶의 즐거움, 사랑, 기쁨, 아름다움 등을 매일 누려라'라는 말로 해석되기도 한다. 나는 이 문장을 되새기며 코로나 확산이라는 심각한 상황에서 대중교통을 이용하지 않아도 되는 것이 얼마나 감사한 일인지 생각했다. 두 아이를 돌보며 재택근무를 한다는 것이 쉽지 않은 일이지만 책을 읽으며 '감사할 거리'를 찾기 시작했다. 매일 아이들을 돌볼 수 있어서, 우리 가족이 건강해서 감사했다. 출근 준비를 하던 시간에 창문을 열고 새소리를 듣고 아침 공기를 마시며 행복감을 느꼈다. 바다와 가까워 산책하기 좋은 우리 동네를 매일 낮에 볼 수 있어서 좋았다. 그러면서 코로나 블루를 이겨낼 수 있었다.

돌잡이 용품 중에 장난감 판사 봉이 있다. 훌륭한 법조인이 되라는 의미로 판사 봉을 두는 것이다. 나는 진짜 판사 봉은 본 적이 없지만 가끔씩 나에게 탕탕탕 판사 봉을 두드리며 판결을 할 때가 있다. 맛없는 밥을 차린 나에게 "탕탕탕, 요리를 참 못하시는군요", 아이들을 혼낸 나에게 "탕탕탕, 오늘도 아이들에게 소리를 높여 혼을 냈군요"라고 판결한다. 여러 가지 판결 중에서도 워킹맘인 나에게 치명적인 판결은 "탕탕탕, 당신은 이번에 고과평가에서 레벨이 떨어졌습니다"였다. 열

심히 했고, 실수한 적도 없고, 프로젝트도 잘 끝냈고, 피드백
도 잘 받았는데 내가 왜?

"상대평가인 사내 제도하에서는 모두가 잘하기 때문에
어쩔 수 없었다"라는 말을 들을 때면 좌절감이 몰려왔다. 열
심히 해도 안 되는 것이 있구나 싶었다. 이럴 때 나는 책에서
읽은 문장을 떠올린다. 그리고 마음에 난 상처에 응급 처치를
한다.

워킹맘으로 살아가려면 내면이 강해야 한다. 웨이트트레
이닝을 해서 몸에 건강한 근육을 만들듯 내면에도 튼튼한 근
육을 만들어야 한다. 그래야 일과 육아의 균형이 흔들릴 때 중
심을 잡을 수 있다. 내면을 위한 웨이트트레이닝은 바로 독서
다. 나는 나이가 사십이 다 돼가는 시점에 책을 만났다. 뒤늦
게 책을 알게 된 나와 달리, 워킹맘으로 삶을 시작하는 엄마들
에게 꼭 책과 함께 시작하라고 권하고 싶다. 독서로 내면에 튼
튼한 근육을 만들고 힘든 순간을 이겨내고 일상을 감사함으
로 채우길 바라는 마음에서다.

책 읽기가 일상이 되면서 나는 달라졌다. 글을 읽고 생각
을 하면서 전에는 보지 못했던 것들을 만났다. 그것은 내 삶
속에 이미 존재하는 감사함이었다. 그리고 누군가가 또는 내
가 나에게 했던 판결에 신경 쓰지 않기로 했다. 책을 읽으며

내가 스스로 똑바로 서는 것이 중요함을 깨달았기 때문이다.

혹시 회사, 집, 회사, 집이라는 테두리 안에 갇혀 있어서 답답하다는 생각이 드는가? 겨울이면 어두컴컴한 새벽에 출근해서 다시 어두컴컴한 밤에 들어오는 자신이 불쌍하다는 생각이 드는가? 잎이 다 떨어져 앙상한 나뭇가지를 보는 것처럼 외로운 마음이 드는가? 그렇다면 아마 책 읽기가 일상이 되기 전 나와 비슷한 상황일 것이다. 이제 책을 읽을 때다. 책을 읽으면서 내면에 감사함을 채우고 내 안의 판사 봉을 버리는 연습을 시작하자.

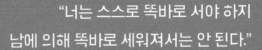

"너는 스스로 똑바로 서야 하지
남에 의해 똑바로 세워져서는 안 된다."

《명상록》, 마르쿠스 아우렐리우스

2장

나만의 숨은 시간 찾는
틈새 독서법

시간을 기록하면
독서 시간이 나온다

✳

이랜드그룹 박성수 회장은 대학 졸업 무렵 근육무력증에 걸렸다고 한다. 특별한 치료법이 없어 하루의 반 이상을 누워서 지냈지만 그는 병상에 누워 있는 2년 동안 무려 3,000권의 책을 읽었다. 그 이후 병은 완치됐고 그는 작은 보세 가게를 운영하다 큰 기업을 이룬 회장으로 성공했다. 그의 성공은 병상에서 읽은 3,000권의 책이 바탕이 됐다고 한다. 독서로 성공한 박성수 회장은 회사 직원들에게도 독서를 강조한다. 박성수 회장은 점심시간에만 책을 읽어도 1년에 24권의 책을 읽을 수 있다고 말했다.

사람은 각자 상황이 다르다. 시간을 쓰는 방법도 다르다. 전업주부들은 24시간을 붙어 있는 아이들 때문에, 쌓여 있는 집안일 때문에 책 읽을 시간이 없다고 말한다. 워킹맘은 일과 육아를 병행하느라 책 읽을 시간이 없다고 말한다. 과연 우리는 책 읽을 시간이 없는 것일까?

나도 처음에는 '책 읽을 시간이 없다'는 생각에 갇혀 있었다. 하지만 내가 쓰는 시간을 들여다보니 책 읽을 시간은 언제든 있었다. 시간을 어떻게 쓰고 있는지 기록, 관찰, 평가해보고 독서를 위한 시간을 만들어보자. 한 달에 한 권 읽을까 말까 하던 사람도 일주일에 한 권은 읽을 수 있다.

나만의 시간을 찾는 법

1단계. 내가 하루를 어떻게 쓰고 있는지 기록한다

일어난 시간부터 잠들기 전까지 한 시간 단위로 어떤 일을 했는지 적는다. 일주일 정도 매일 하는 일을 적어본다. 예를 들어 아이 등원 준비라면, 최소 한 시간 전부터 밥을 먹이고 씻기고 옷을 갈아입힌다. 그 시간에 화장실을 가거나 갑자기 우는 아이를 달래야 하는 변수도 생긴다. 그래서 일주일 정도 기록 후 고정된 시간을 확인한다. 아이들을 보내고 나서 출퇴근 시간, 집안일하는 시간, 업무 시간, 점심시간, 퇴근 시간 등을 한 시간 단위로 적어본다.

시간	하는 일	세부 내용		
6	기상 시간	출근 준비	등원 준비	
7	아침 식사			
8	출근 시간	등원 및 등교	대중교통 이용 출근	
9				
...	오전 업무			
12	점심 시간	식사 20분	수다 및 낮잠	
1				
...	오후 업무			
6	퇴근 시간	대중교통 이용 퇴근	아이 픽업 및 귀가	
7				
8	육아 출근	저녁 식사	설거지, 빨래	바닥 청소 등 집안일
9		목욕 및 아이 숙제	자율 놀이 시간	간식 먹기
10	취침 준비	이 닦기	잠옷 갈아입히기	아이와 놀아주기
11	취침 시간	그림책 읽어주기	이야기 나누며 잠들기	

2단계. 주기적으로 하는 일은 날을 정해서 처리한다

워킹맘은 회사 일만 하는 것이 아니다. 집안일도 한다. 온라인 장보기, 공과금 이체, 학원비 결제 등 해야 할 일이 넘친다. 사소한 집안일을 해결하기 위해 쓰는 시간이 참 많다. 주기적으로 해야 할 일은 날을 정해서 처리해라. 예를 들면, 온라인 장보기는 주 1회, 계좌 이체, 학원비 결제 등은 달에 한두 번 날을 잡아서 한다. 캘린더 앱에 미리 일정을 정리해놓는다. 나는 어린이집 보육료 결제 문자가 오면 그날 맞춰서 태권도 학원, 영어 학원까지 결제한다. 정해진 결제일보다 빨리하는 편이다. 이렇게 같은 날 모든 학원비를 미리 결제해두면 더는 신경 쓰지 않아도 돼서 좋고 집안일을 위해 쓰던 사소한 시간을 줄일 수 있다.

3단계. 기록한 시간을 보며 독서 가능 시간을 정한다

기록한 시간을 평가해본다. 고정된 시간을 줄일 수 있는지 또는 기상 시간을 앞당길 수 있는지, 출퇴근 시간을 독서 시간으로 활용할 수 있는지를 평가한다. 남는 시간이 확인되면 그 시간에 독서 계획을 세운다.

독서 계획을 세워보니 일과 육아를 병행하는 중에도 하루 최소 2시간 반에서 최대 3시간 반 정도의 독서 가능 시간이 나온다. 이 시간을 무조건 독서로 채우라는 이야기는 아니

시간	하는 일	세부 내용			독서 시간
6	기상 시간	출근 준비	등원 준비		6시 기상 후 30분간 독서 가능
7	아침 식사				
8	출근 시간	등원 및 등교	대중교통 이용 출근		이동 중 30분-1시간 독서 가능
9					
...	오전 업무				
12	점심 시간	식사 20분	수다 및 낮잠		짧은 수다 후 20분-30분 독서 가능
1					
...	오후 업무				
6	퇴근 시간	대중교통 이용 퇴근	아이 픽업 및 귀가		이동 중 30분-1시간 독서 가능
7					
8	육아 출근	저녁 식사	설거지, 빨래	바닥 청소 등 집안일	
9		목욕 및 아이 숙제	자율 놀이 시간	간식 먹기	
10	취침 준비	이 닦기	잠옷 갈아입기	아이와 놀아주기	아이들 취침 후 30분 독서 가능
11	취침 시간	그림책 읽어주기	이야기 나누며 잠들기		

다. 바쁜 와중에도 나를 위해 무언가를 할 수 있는 시간이 있다는 것만 확인해보자. 이 여유 시간에 보고 싶었던 영화를 볼 수도 있고 운동을 할 수도 있다. 다른 취미 생활을 할 수도 있다. 하지만 그 시간 중 한 시간은 무조건 독서로 채워야 한다. 그럼 일주일에 한 권은 읽을 수 있다. 일주일에 한 권이면 한 달에 네 권이다. 한 달에 네 권이면 1년에 48권이다. 이랜드그룹 박성수 회장이 말한 점심시간을 활용한 독서의 두 배에 해당하는 숫자다. 책에 재미가 느껴지면 아마 책 읽는 시간은 저절로 늘어나게 될 것이다. 익숙해지면 한 달에 열 권 읽기도 가능하다.

전업 맘의 독서를 위한 꿀팁: 오전 시간을 활용하라

아이는 어린이집에 다닐 때는 4시쯤에 오더니 유치원에 들어가서는 2시에 왔다. 초등학교에 들어가서는 "머리 감고 나니 오더라"라는 말이 있다. 시간은 생각보다 빠르게 흐른다. 그만큼 아이가 돌아오는 시간도 빠르다. 오후에는 아이가 학원에 가더라도 시간을 내는 것이 쉽지 않다. 아이가 잠시 집에 들른 사이 간식을 챙겨야 하고 순식간에 어질러놓은 책가방, 옷 등을 정리해야 한다. 전업 맘인 경우 집안일은 되도록 오후로 미루고 오전에 독서 시간을 가지길 추천한다.

 '아이들 때문에 시간이 없어'라는 생각을 버리자. 시간을 잘 들여다보면 분명 내 시간은 있다. 그 시간을 어떻게 활용할지는 내 선택이다. 나는 바쁘게 살고 있지만 내 시간을 만들어서 책을 읽는다. 그리고 삶의 변화를 만든다. 지금 당장 독서 시간 확보를 위해 나의 시간을 관찰해보자. 아이들이 있어도, 일을 하고 있어도 책 읽을 시간은 분명 있다.

한 달 10권 읽는
내 시간 활용법

✳

아무리 바빠도 일상을 잘 들여다보면 온전한 자신만의 시간을 찾을 수 있다. 예를 들면 출퇴근 시간, 회사에서의 점심시간, 그리고 집에서 아이들이 잠들고 난 뒤 시간이다. 이 시간을 활용하면 다음과 같은 상황과 장소에서도 책을 읽을 수 있다.

출퇴근 시간: 책 여행을 떠나자

대중교통 안의 승객들을 살펴보면 대부분 부족한 잠을 자거나 핸드폰을 보고 있다. 출퇴근 시간을 잘 활용하면 생각보다 오랜 시간 책을 읽을 수 있다. 나는 출퇴근 시간에 하던 스마트폰으로 온라인 장보기, 아이들 학원 검색, 아이 옷과 신발 주문, SNS를 멈추고 책을 읽고 있다. 살림과 육아와 관련된 일은 다른 시간에도 틈틈이 할 수 있다는 것을 명심하자. 버스, 지하철, 기차로 출퇴근하는 사람이라면 참고해보자. 자가용을 운전하는 사람은 오디오북을 이용해 책을 읽으면 된다. 3장의 '엄마의 전자책 활용법'을 참고하면 좋겠다.

1. 출퇴근 시간 독서

대중교통을 이용할 때 좋은 점은 편도당 몇십 분 이상 내 시간을 가질 수 있다는 것이다. 나는 주로 기차를 타고 출퇴근하고 가끔 버스를 탄다. 동선에 따라 지하철로 갈아탈 때도 있는데 그때는 걸어가면서도 책을 읽는다.

2. 추천 도서 분야

출퇴근 시간에는 소설이나 에세이를 읽어보자. 평소에는 하고 싶은 것도 많고 가고 싶은 곳도 많다. 하지만 시간과 돈의 부족으로 하고 싶은 것을 다 경험하지는 못한다. 여행을 가고 싶은 마음과 달리 매일 회사로 향하고 있다. 하지만 우리는 독서로 여행을 떠날 수 있다. 기차, 버스, 지하철을 타고 여행을 떠난다는 느낌을 가질 수 있도록 외국 소설이나 판타지 소설, 다양한 주제의 에세이를 읽어보자.

나의 도서 목록

《나미야 잡화점의 기적》《츠바키 문구점》《빅 픽처》《네버 무어》《리스본행 야간열차》《달러구트 꿈 백화점》《우아한 가난의 시대》《아무튼, 여름》《딸에게 들려주는 여자 이야기》《아이가 잠들면 서재로 숨었다》《당신 인생의 이야기》《마음이 머무는 페이지를 만났습니다》《애쓰지 않고 편안하게》《나는 나로 살기로 했다》《시선으로부터,》《미드나잇 라이브러리》《밑줄 긋는 여자》

3. 읽기 목표와 책 보관 장소

읽기 목표는 내릴 곳에 도착할 때까지다. 나는 기차를 50분 정도 타는데 책 3분의 1 정도는 거뜬히 읽을 수 있었다. 양이 중요한 건 아니지만 그만큼 집중해서 읽었다는 것이다. 책은 항상 한 권 이상 가지고 다닌다. 그리고 형광펜 또는 미니인덱스, 3색 볼펜을 함께 들고 다닌다. 책을 읽다 보면 밑줄을 그어 마음에 새기고 싶은 문장이 나온다. 비록 차가 흔들려 밑줄이 파도처럼 구불거릴 수도 있지만 혼자 있는 출퇴근 시간을 책과 함께 여행 가듯 즐겨보자.

점심시간: 회사에서 책 읽기 가장 좋은 시간

누군가는 일찍 출근해서 잠시라도 자기만의 시간을 갖기도 하지만 나는 그럴 수 없었다. 워킹맘이며 장거리 출퇴근을 하기 때문에 일찍 출근하기가 힘들었다. 점심시간만이 유일한 나만의 시간이었다.

1. 직장 내 점심시간 독서

오전에 받은 스트레스 때문에 점심시간에 직장 동료들과 수다를 떨지 않을 수가 없다. 그런데 한참을 수다를 떨다가도 갑자기 조용해지는 순간이 있다. 이때는 사람들이 각자 원하는 것을 한다. 이어폰을 끼고 영상을 보기도 하고, 잠을 자기도 하고, 인터넷 검색을 하는 사람도 있다. 서로에게 방해되지 않도록 최대한 조용히 한다. 너무 조용해서 어떨 때는 재채기 소리가 미안할 정도다. 이런 시간에 책을 읽어보자.

2. 추천 도서 분야

회사에서 읽을 책은 경제, 경영, 자기계발 관련 도서가 좋다. 이런 책을 읽으면서 월급을 어디에 투자하면 좋을지, 요즘 경제 트렌드는 어떤지, 주변 동료와 의견을 나눌 수도 있다. 점심시간을 활용해 독서로 자기계발을 해도 좋다. 미혼인 직장인들은 주말에 여러 활동에 참여하면서 경력 개발을 한다. 워킹맘은 주말에 아이를 돌봐야 한다. 대신 독서로 생각과 관심 분야를 확장하면서 자기계발이 가능하다.

> 나의 도서 목록
>
> 《부자 아빠 가난한 아빠》《부의 인문학》《돈의 속성》《부의 추월차선》《트렌드 코리아》《존리의 부자되기 습관》《존리의 금융문맹 탈출》《부자의 언어》《부의 대이동》《돈 공부는 처음이라》《아무도 가르쳐주지 않는 부의 비밀》《엄마의 돈 공부》《엄마의 첫 부동산 공부》《월급쟁이의 첫 돈 공부》《나의 하루는 4시 30분에 시작된다》《데일 카네기 인간관계론》《미라클 모닝》《자존감 수업》《타임 푸어》《타이탄의 도구들》《김미경의 리부트》

3. 읽기 목표와 책 보관 장소

읽기 목표 시간은 20분이다. 점심시간에 밥 먹고 양치하고 수다까지 떨고 나면 20분 정도 시간이 남는다. 20분 동안 책만 읽지 않아도 된다. 책을 읽으면서 떠오르는 생각이 있으면 간단하게 메모를 하거나 글을 쓰는 것도 좋다. 회사에서 읽을 책은 회사 사물함이나 책상에 올려둔다. 혹시 회사 내에 도서관이 있는가? 우리 회사는 도서관이 있다. 예산 내에서 매

년 책을 30권 정도 구매한다. 사내 도서관이기 때문에 구매할 수 있는 책의 분야는 비즈니스, 경제, 경영 쪽이다. 그래서 점심시간에 읽을 책을 따로 가지고 다니지 않고 회사 도서관에 있는 책을 꺼내서 읽기도 했다. 만약 회사 내에 도서관이 있다면 읽고 싶은 경제, 경영, 자기계발 도서를 담당자에게 말해서 구매하도록 하자. 그리고 점심시간을 활용해 읽어보자.

밤 시간: 아이들이 잠들고 난 후

1. 아이가 잠들고 난 후 독서

아이가 잠들기 전에는 그림책을 읽어준다. 낮은 목소리로 그림책을 읽어주다 아이들이 잠이 들었다 싶을 때 내 책을 펼친다. 물론 아이들과 함께 잠들기도 하지만 그러지 않을 때는 내 책을 읽는다. 예전에는 아이들이 잠들고 나서 남은 집안일을 하곤 했는데 지금은 그러지 않는다. 아이들이 깨어 있을 때 집안일을 최대한 마무리를 하거나 잠시 잊는다. 그리고 책을 읽는다.

2. 추천 도서 분야

오프라 윈프리는 "당신이 내일 아침 오늘보다 더 나은 사람으로 깨어나고 싶다면 잠들기 전에 책을 펴고 단 세 장이라도 읽으십시오"라고 말했다. 나는 이렇게 말하고 싶다. "당신이 내일 아침 오늘보다 더 행복한 워킹맘으로 깨어나고 싶다면 잠들기 전에 책을 읽어라."

다음 날 행복한 워킹맘으로 깨어나기 위해 밤에는 고전, 심리, 긍정적인 삶의 자세와 관련된 책을 읽으면 좋다. 낮에는 이렇게 집중할 수 있는 시간이 잘 나지 않는다. 그러니 이때는 내용이 무겁거나 어려운 책을 읽는 것도 좋다. 이런 책을 읽으며 생각과 의식을 긍정적인 방향으로 확장시키고 명상을 하면서 잠드는 것도 좋다. 고전 추천 도서는 '독서의 영역을 확장하라'를 참고하자.

> **나의 도서 목록**
> 《더 해빙》《내가 원하는 것을 나도 모를 때》《인생의 답은 내 안에 있다》《내가 알고 있는 걸 당신도 알게 된다면》《2억 빚을 진 내게 우주님이 가르쳐 준 운이 풀리는 말버릇》《2억 빚을 진 내가 뒤늦게 알게 된 소~오름 돋는 우주의 법칙》《하느님과의 수다》《왓칭》《내 안의 어린아이가 울고 있다》《인생 전환의 심리학 수업》

3. 읽기 목표와 책 보관 장소

읽기 목표는 30분이다. '몇 장을 읽겠다'보다는 '적어도 30분은 책을 읽겠다'는 마음으로 시작해보자. 30분이 되기도 전에 책을 떨어뜨리고 잠들 수도 있지만 그래도 괜찮다. 책은 침대 옆이나 침대와 가까운 탁자에 놓아두면 좋다. 대신 핸드폰은 좀 멀리 두자. 나는 아이들을 재우기 전에 아침 알람을 설정해두고 핸드폰은 책보다 더 멀리 둔다. 어쩔 때는 나도 책 대신 핸드폰을 보고 있을 때도 있다. 유튜브의 알고리즘에 빠지면 끝도 없이 영상을 보게 된다. 자기 전만큼은 핸드폰을 멀리하자.

우선순위에 두지 않았을 뿐, 사실 책을 읽을 시간은 언제나 있었다. 책을 너무 읽고 싶은데 바빠서 읽을 시간이 없다면 나의 하루 일과를 다시 들여다보자. 출퇴근 시간, 회사에서의 점심시간, 아이들이 잠든 시간 중에 나를 위해 책을 펼 수 있는 시간이 분명히 보일 것이다. 그 시간에 다 책을 읽으라는 것은 아니다. 그중 한때라도 책을 읽으면 된다.

효율적인 밤 독서의
시간을 확보하는 법

✳

"일하고 애 키우면서 어떻게 매일 책을 읽을 수 있어?"

"책 읽을 시간이 있니? 진짜 대단하다."

나는 회사에서는 과장으로 일하며 집에서는 독박 육아를 하는 엄마였다. 매일 책을 읽는 나를 보고 신기하게 생각하는 사람들이 종종 있다. 바쁜 워킹맘이 독서를 할 수 있는 이유는 독서가 내 삶의 우위에 있기 때문이다.

미국 대통령이었던 버락 오바마는 매일 한 시간씩 책을 읽는다고 한다. 그는 국내외 정치 현안에 대해 신경 써야 하는 대통령이었다. 하루 24시간이 모자랐을 것이다. 그런 그는 아무리 바빠도 매일 저녁 책 읽는 시간을 꼭 지켰다고 한다. 그에게 독서는 그만큼 중요한 것이다.

나는 두 아이가 잠들고 나면 책을 읽으려고 했다. 하지만 문제가 하나 있었다. 아이들이 잠이 든 후 책을 읽으려고 하면

바닥에 널브러져 있는 물건들이 눈에 들어왔다. 아이들이 잠들고 나서 집안일을 마무리하기 위해 거실로 나왔다. 그런데 거실에 나와 보니 장난감, 책, 과자 부스러기 등으로 바닥이 어지러웠다. 설거지도 아직 쌓여 있는데 바닥까지 어지러우니 눈물이 날 것 같았다. 피곤한데도 치우고 자야 한다는 압박감이 느껴졌다. 피로가 머리끝까지 올라와 좀 쉬고 싶은데 치우지 않고는 잘 수가 없었다. 다음 날을 생각하면 안 그래도 정신없는 아침이 더 바빠질 것이 분명했기 때문이다.

책을 집어삼킬 듯 읽고 싶은데 집안일이 나를 삼키려고 들었다. '책을 읽을 것인가? 아니면 집안일을 먼저 할 것인가?' 하는 갈등이 항상 있었다. 깔끔 스위치가 먼저 켜지는 날은 책 읽을 시간이 거의 없었다. 아이들이 잠들면 적어도 30분은 책을 읽다가 잘 생각이었는데 집안일에 신경 쓰느라 충분히 책을 읽지 못했다.

《그릿》에서는 할 일이 많다는 압박감이 느껴진다면 당장 그 일을 시작하라고 한다. 그럼으로써 새로운 루틴을 만들어 낼 수 있다는 것이다. 나는 밤늦은 시간 '해야 할 집안일이 아직도 많다'라는 압박감에서 벗어나기 위해 집안일을 처리하는 습관을 만들어야겠다고 생각했다. 그리고 아이들과 함께 하는 시간에 집안일을 마무리하는 습관을 만들었다. 목표는 최소 30분의 밤 독서 시간 확보를 위해서였다.

밤 독서를 위한 집안일 관리법

1. 아이들이 깨어 있을 때 집안일을 마무리한다

집안일의 대표 격인 정리 정돈, 설거지, 빨래, 방바닥 청소 이 네 가지 집안일은 아이들이 깨어 있을 때 한다. 집안일을 미리 끝내면 아이들이 잠든 후 시간을 오롯이 나에게 쓸 수 있다.

2. 아이들을 집안일에 참여시킨다

혼자 해야 하는 집안일 일부를 아이들과 함께한다. 그 덕분에 '아이들이 깨어 있을 때 집안일을 마무리한다'는 목표 실행이 가능하다. 둘째 아이는 건조기에 빨래 넣는 것을 재미있어 한다. 내가 빨래를 구분해주면 둘째 아이는 빨래를 건조기에 넣는다. 그 시간에 나는 나머지 빨래를 건조대에 넌다. 첫째 아이는 설거지 돕는 것을 좋아한다. 아이가 수세미에 세제를 묻혀 그릇을 닦으면 나는 세제 묻은 그릇을 물로 헹구면서 마무리한다. 두 아이가 모두 좋아하는 집안일은 달걀을 풀 때다. 탱글탱글한 달걀노른자를 숟가락으로 터트려 휘휘 젓는 게 재미있는 모양이다. 나는 그사이 밥을 뜨고 국을 끓이기도 한다. 아이들은 생각보다 집안일하는 것을 즐거워한다.

3. 매일 하지 않아도 되는 집안일은 주말에 한다

퇴근해서 집에 오면 두 아이 모두 놀아달라고 조른다. 내가 해야 할 일이 많아서 못 놀아준다고 하면 아이들은 칭얼거린다. 아빠라도 있으면 한 명은 집안일하고 한 명은 아이와 놀아주면 좋을 텐데. 그 어디에도 어른은 나밖에 없다. 그래서 매일 해야 할 집안일을 제외하고 나머지는 주말로 미룬다. 나는 정리 정돈, 설거지, 빨래, 방바닥 청소 외에는 평일에 집안일을 하지 않는다. 창틀 닦기, 물걸레로 청소하기, 현관 청소 등 매일 하지 않아도 되는 일은 주말에 남편과 함께 한다.

전업 맘이든 워킹맘이든 책을 읽겠다는 마음만으로는 부족하다. 책을 읽겠다는 동기가 있다면 행동으로 옮겨야 한다. 그리고 목표를 위한 습관을 만들어야 한다. 목표는 밤 독서 시간 확보이며 습관은 아이가 깨어 있을 때 집안일을 마무리하는 것이다. 바쁜 일상에 오롯이 가지는 나만의 시간은 내가 주도한다. 내가 나에게 주는 선물 같은 밤 시간을 독서로 채워보자. 짧은 밤 독서가 주는 힘은 매일 아침을 바꾸는 원동력이 될 것이다.

파레토의 법칙을 활용해
나에게 맞는 책 고르는 법

✳

2020년 약 6만 6,000권의 신간이 발행됐다. 만화책을
제외하면 5만 9,000권 수준의 책이 1년 동안 발행됐다
고 한다. 하루에 약 162권의 책이 출간된 것이다.

대한출판문화협회

많은 책 중에서 나에게 맞는 책은 어떤 책일까? 그리고 어
떻게 고를 수 있을까? 책은 사놓고도 읽지 않을 수 있다. 읽다
보니 재미가 없어서 끝까지 읽지 못할 수도 있다. 나에게는 마
이클 샌델의 《정의란 무엇인가》가 그런 책이었다. 여전히 깨
끗한 상태로 책장에 꽂혀 있다. 지금은 유명해도 읽기 어려운
책은 읽지 않는다. 그런 책은 나와 맞지 않기 때문이다. 내가
원하는 것이 무엇인지 정확히 파악한 다음 책을 고른다. 내가
이해할 수 있는지, 필요로 하는 지식과 정보가 있는지 확인하

고 책을 구매한다. 이렇게 고른 책은 나에게 딱 맞는 책, 재미있는 책, 좋은 책이 된다.

나에게 맞는 책을 고르는 방법

1. 온라인 서점 앱을 켠다

나는 서점에 가는 것을 참 좋아한다. 서점에서만 느낄 수 있는 지적인 느낌이 좋다. 그런데 워킹맘으로 살다 보니 서점에 갈 시간이 없다. 주말에 아이들과 함께 서점에 가면 주로 아이들 책을 보게 된다. 내가 읽을 책을 구경할 여유가 없다. 그래서 온라인 서점 앱에서 책을 구매한다.

2. 검색할 때 두 가지 키워드를 친다

고전을 제외하고 세상에 모두를 만족시키는 좋은 책은 없다고 생각한다. 나에게 좋은 책은 나에게 도움이 되는 책, 나의 상황을 공감해주는 책이다. 나에게 맞는 책을 고르려면 내가 지금 알고 싶은 분야의 키워드를 생각해보면 된다. 두 가지 키워드를 함께 쓰면 좀 더 구체적으로 검색할 수 있다.

예를 들어 나는 주식 공부가 하고 싶었지만 단타 매매나 목돈으로 투자하는 것은 두려웠다. 리스크가 큰 투자법은 싫다. 그래서 키워드를 '엄마'와 '주식'으로 잡았다. 검색란에 엄마, 주식을 검색했다. 그러니 신간부터 출판 시기가 좀 지난 책, 엄마의 경제 공부와 관련된 책들이 떴다.

3. 차례를 보며 파레토의 법칙을 활용한다

책을 검색하고 나서는 책 제목과 차례를 읽는다. 차례는 그 책에서 하고 싶은 말의 요약이며 핵심이다. 사실 그것만 읽어도 책 내용이 어떻게 전개될지 예상할 수 있다. 차례를 보고 나에게 도움이 될 내용이 있는지, 궁금한 내용이 있는지 판단할 수 있다.

이때 파레토의 법칙을 적용한다. 80대 20의 법칙 또는 2대 8의 법칙이라고도 하는데 전체 결과 80%가 전체 원인의 20%에서 일어나는 현상이다. 책도 마찬가지다. 내가 따라 할 수 있는 내용, 나를 바꿔줄 수 있는 해결책은 책 내용 중 일부분이라고 생각한다. 보통 5장 구성의 책이라면 한두 장에 걸쳐서 집중적으로 솔루션이 나와 있다. 그러니 책 내용의 핵심이 되는 3장의 차례를 집중해서 살펴본다.

4. 미리보기를 한다

'엄마'와 '주식'으로 검색해서 뜬 책의 차례를 살펴봤다. 미리보기를 눌렀다. 그런데 책에 나와 있는 솔루션을 따라 하기 힘들 것 같았다. 그렇다면 그 책은 나와 맞지 않다. 내 문제에 대한 솔루션이 어렵게 느껴진다면 읽고 행동할 수 있는 가능성이 떨어진다. 책을 읽는 이유는 느낀 것을 실천하기 위함이다. 그래야 삶의 변화가 이루어진다. 책을 구매하기 전에 미리보기를 눌러 책 내용을 훑어보자.

유튜브나 블로그의 책 추천이나 서평을 통해 책을 미리 만나는 것도 하나의 방법이다. 하지만 리뷰 내용에 따라 읽기도 전에 편견을 가질 수도 있다. 그래서 서평을 보는 것보다는 나만의 키워드로 책을 찾는 것이 낫다.

수만 권의 책 중에서 내 인생을 흔들, 내 인생에 영향을 미칠 책을 만날 수 있길 바란다. 내가 지금 새로운 삶을 살게 된 바탕에는 독서가 있었다. 나에게 맞는 책을 만났기 때문이다. 살면서 꼭 만나야 할 게 있다면 바로 인생 책이다. 나는 그런 책을 만날 수 있었기에 무척 감사하다. 인생 책을 만나고 싶다면 책을 고를 때도 신중하게 골라보자.

한 권의 책을 읽음으로써
자신의 삶에서
새 시대를 본 사람이 너무나 많다.

헨리 데이비드 소로우

3장

한 달에 10권 읽기
생존 독서법

아이가 있는 집의
공간 독서법

✳

나는 시간이 부족한 워킹맘이지만 매일 책을 읽는다. 나는 읽고 쓰고 실천하는 독서 3종 세트를 활용해 도움이 필요한 시기마다 책 속 스승에게 가르침을 받았다. 책을 읽으며 내면의 목소리에 귀 기울이고 나만의 해결책을 찾기도 했다. 책에 빠져 읽다 보면 어느 순간 스스로에게 질문하게 된다. 그러면서 내 생각을 알아간다. 책에서 본 문장을 노트에 필사하며 가슴에 새겨 넣기도 하고 특정 주제로 독서 노트를 만들기도 했다. 독서 모임에 참여해 다양한 영역의 책을 만나고 생각을 확장시켰다. 이 모든 독서 활동은 밑바닥까지 떨어진 나를 일으켜 줬고 행복을 찾게 해줬다.

그런데 엄마들은 집에서 책 한 권 읽기도 참 힘들다. 아이들이 시간과 공간을 점령하기 때문이다. 시간은 그렇다 치더라도 내 공간이 이렇게나 좁아지리라고는 나도 생각하지 못했다. 아이가 어릴 때는 아기 체육관, 소서, 점퍼루, 범퍼 침대 같은 부피가 큰 '국민아기용품'이 거실과 방을 차지했다. 그 물건들을 버릴 때 속이 얼마나 시원했는지 모른다. 하지만 그 기쁨도 잠시, 몇 가지 물건을 버리고 나니 아이들이 직접 영토를 확장하고 나섰다. 아이는 바닥에 그림책을 깔아 놓고 다음 날까지 치우지 말라고 했다. 거실 바닥은 아이들의 장난감으로 어질러져 있다.

지금 나는 아이들의 적극적인 영토 확장에 굴하지 않는다. 어질러진 것은 하루에 딱 두 번만 치운다. 그리고 집 안 곳곳에 나만의 공간을 따로 마련해둔다. 방마다 내가 읽을 책을 놓아두는 것이다. 책이 있는 곳이 내 공간이며, 아이와 함께 있어도 책을 읽는다. 수시로 엄마를 찾아대는 아이들과 함께 살면서도 어느 공간, 어느 상황에서 책을 읽었는지 다음과 같이 정리해봤다.

안방: 다른 워킹맘을 만나는 공간

1. 안방 독서

우리 집 안방에는 아이들 그림책이 있다(그림책이 아이들 방에 있다면 안방 대신 아이들 방으로 생각하면 된다). 둘째 아이는 아직 글을 모르지만, 그림책을 보며 그림을 하나하나 살펴본다. 꽤 오랫동안 그림책에 집중하는 모습을 볼 수 있다. 돌 즈음 되는 아이는 책장 넘기기 놀이를 좋아한다. 아이가 마음껏 책장을 넘길 수 있게 그림책을 여러 권 준다. 아이가 그림을 보고 책장을 넘기는 데 집중하고 있을 때 나는 내 책을 읽는다.

2. 추천 도서 분야

책을 읽기 시작했는데 아이들이 그림책을 읽어달라고 요구할 수도 있다. 그래서 집중해서 읽어야 하는 어려운 책은 되도록 피한다. 일하는 엄마라면, 워킹맘을 위한 책을 읽으면 좋다. 책에 나와 있는 사례에도 공감할 것이다. 그래서 작가가 쓴 사례 하나만 짧게 읽어도 재미있다. 짧은 시간에도 책을 읽으면서 울고 웃기도 하는 자신의 모습을 보고 신기해할지도 모른다.

나의 도서 목록

《나는 워킹맘입니다》《워킹맘 생존 육아》《오늘부터 워킹맘》《워킹맘을 위한 초등 1학년 준비법》《워킹맘 홈 스쿨, 하루 15분의 행복》《일하는 엄마 행복한 아이》《엄마에겐 오프 스위치가 필요해》《오늘도 아이와 함께 출근합니다》

3. 읽기 목표와 책 보관 장소

안방에서의 읽기 목표는 3-5쪽이다. 아이들이 한 장도 읽기 전에 말을 건다면 솔직하게 "엄마 이 책 한 장만 읽고 말해줄게"라고 말한다. 책은 아이들 책장에 함께 꽂아둔다. 방에 들어왔는데 내가 읽을 책이 없다면 책을 가지러 가야 하는 번거로움이 생긴다. 그러면 책을 읽지 않을 확률이 높기 때문에 안방에서 읽을 책을 항상 제자리에 놓아둬야 한다.

거실: 육아 고민 해결의 공간

1. 거실 독서

거실은 온 가족이 많은 시간을 보내는 장소다. 이곳에서도 엄마의 독서가 가능하다. 거실에서는 아이들이 TV를 보고, 장난감을 가지고 놀기도 한다. 아이가 책이나 유튜브를 보거나 종이접기를 하면서 자기 시간을 가질 수도 있다. 생각보다 많은 시간을 책 읽는 데 쓸 수 있다.

2. 추천 도서 분야

거실에서는 육아 관련 도서, 또는 아이의 발달 과정에 관련된 책을 읽으면 좋다. 눈앞에 아이들이 있기 때문에 책 내용이 더 현실감 있게 다가온다. 아이를 어떻게 키울 것인지에 대한 고민이 있다면 이때 책을 읽으며 고민해봐도 좋다.

나의 도서 목록

《균형육아》《그로잉맘 내 아이를 위한 심플 육아》《엄마가 모르는 아빠효과》《부모라면 유대인처럼》《하루 10분 엄마 습관》《영재 레시피》《아들 때문에 미쳐버릴 것 같은 엄마들에게》《엄마표 책육아》《공부 머리가 쑥쑥 자라는 집안일 놀이》《내 아이 잠재력을 깨우는 하루 한 권 그림책 놀이》《하브루타 질문 독서법》《엄마표 영어 17년 보고서》《하루 15분 책읽어주기의 힘》《지랄발랄 하은맘의 불량육아》《지랄발랄 하은맘의 십팔년 책육아》《공부머리 독서법》《닥치고 군대 육아》《달팽이 책육아》《아들은 원래 그렇게 태어났다》《야무지고 따뜻한 영어 교육법》《하루 한 권 영국 엄마의 그림책 육아》《아이에게 읽기를 가르치는 방법》《결과가 증명하는 20년 책육아의 기적》

3. 읽기 목표와 책 보관 장소

읽기 목표는 10쪽 이상이다. 책을 읽는 동안 아이들이 언제 방해를 할지 모른다. 방해 없이 책을 읽을 수도 있고 아닌 날도 있을 것이다. 아이들의 방해 없이 책을 읽는 데 성공하지 못했어도 너그러운 마음을 유지하자. 책은 손이 쉽게 가는 곳에 보관한다. 소파, 책장, 거실장에 놓아두는 것을 추천한다. 거실에 책을 놔두면 아이들이 엄마의 책에도 관심을 가진다. 자기도 크면 이렇게 글이 많은 책을 읽을 수 있냐고 물어보는 날이 있을 것이다. 아이들에게 크면 꼭 엄마랑 같이 읽자고 말해주자.

주방: 즐거움을 구경하는 공간

1. 주방 독서

주방에서 요리하는 중에도 책을 읽을 수 있다. 아이들에게는 미리 "엄마가 밥 준비하는 시간이야"라고 말해둔다. 그래야 요리든, 틈새 독서든 방해를 받지 않는다. 물이 끓어오르기까지 기다리는 시간, 전기밥솥에서 밥이 완성되기까지 2-3분 남은 시간에 잠깐이라도 책을 읽을 수 있다. 채소를 썰거나, 쌀을 씻는 것처럼 손이 자유롭지 못할 때는 전자책을 활용해도 된다.

2. 추천 도서 분야

주방에서 읽을 책은 그림과 사진이 많은 요리, 인테리어 또는 정리 수납에 관련된 책이 좋다. 잠깐이라도 즐겁게 구경한다는 느낌으로 요리 사진, 인테리어 사진을 보자. 요리책을 보며 다음 식사 메뉴를 골라보는 것도 좋다.

나의 도서 목록

《아이 입맛에 딱 맞춘 유아식판식》《한 그릇 뚝딱! 골고루 아이 밥상》《엄마는 바쁘니까, 15분 뚝딱 밥상》《아이가 좋아하는 엄마표 요리100》《가정간편식》《소문난 반찬가게 인기 레시피》《아파트 인테리어 교과서》《인생을 바꾸는 정리 기술》《최고의 인테리어는 정리입니다》《아이와 같이 삽니다》

3. 읽기 목표와 책 보관 장소

읽기 목표는 가능한 만큼이다. 굳이 처음부터 읽을 필요도 없고 눈길을 끄는 부분부터 읽으면 된다. 미용실에서 머리를 하면 대기 시간에 잡지를 보는데 그런 느낌으로 흥미를 끄는 부분을 먼저 읽어보면 좋다. 책은 식탁에 놓아둔다. 우리 집은 4인 가족이 6인용 식탁을 쓰고 있어서 식탁이 넓은 편이다. 식탁 끝에 주방에서 읽을 책을 놓아두고 가능할 때마다 읽고 있다. 만약 식탁이 좁다면 북엔드를 주방 한쪽에 놓고 책을 보관해두자.

바쁜 주방 일을 하면서도 굳이 책을 읽어야 하느냐고 묻는다면 이렇게 답하고 싶다. 나폴레옹은 전쟁터에서 인생의 절반을 보냈지만 1년에 150권 정도의 책을 읽었다고 한다. 그는 책 내용을 정독하며 책 속의 지식과 지혜를 삶에 적용해서 자기 것으로 만들었다. 나폴레옹이 영웅이 될 수 있었던 이유 중 하나가 바로 독서였다. 21세기를 사는 나는 육아 전쟁터에서 치열하게 책을 읽는다. 내 책들은 집 안 곳곳에 배치돼 있다. 책은 귀여운 적군들이 방해하지 않는 틈을 타 살며시 활약한다. 내 삶의 영웅이 되기 위해 나는 읽고 또 읽는다. 책을 읽을 만한 시간이 나기를, 공간이 생기기를 기다리기에는 시간이 아깝다. 그보다 가족이 있어도 내가 할 수 있는 것을 당장 해나가는 게 좋다. 특히 책은 '아이가 크면 읽어야겠다'라고 생각하기보다 하루라도 빨리 읽는 것이 낫다. 고단한 육아로부터 당신의 인생이 더욱 단단하게 빛나기를 바라는 마음에서다.

"오늘의 나를 있게 한 것은
우리 마을 도서관이었다.
하버드 졸업장보다 소중한 것이
독서하는 습관이다."

빌 게이츠

생존 독서의 핵심,
질문하라

✳

"검증되지 않은 삶은 살 가치가 없는 것이다."

소크라테스의 가장 유명한 말 중 하나다. 소크라테스가 말한 검증되지 않은 삶은 스스로 질문하지 않는 삶이 아닐까. 소크라테스는 대화와 문답을 통해 상대가 스스로 진리를 발견하게 한다. 지금 소크라테스가 살아 있다면 나는 "워킹맘으로 사는 일은 왜 이렇게 힘든가요?" "워킹맘이지만 좀 더 편하게 살 수 있는 방법은 없나요?"라고 물었을 것이다. 그럼 소크라테스는 문답법을 통해 나의 편견과 무지를 자각하게 하고 진리를 발견하게 해줄지도 모르겠다.

그런데 소크라테스는 이 세상 사람이 아니다. 그럼 나는 누구에게 질문을 하고 답을 찾아야 할까? 바로 나다. 나에게 질문을 하고 답을 구하는 것이다. 평소처럼 일하고 정신없이 육아를 하는 중에는 질문이 떠오르지 않는다. 그래서 책을 읽어야 한다. 소크라테스와 문답을 나누듯 책과 문답을 하는 것이다.

2020년 3월 17일 화요일,《그대 스스로를 고용하라》를 읽으며 노트에 질문을 적었다.

'내가 진짜 원하는 것은 무엇인가?'

나는 이에 대한 답으로 '내 인생의 지도를 만들고 싶다' '돈을 다스리고 싶다'라고 적었다. 그리고 나만이 할 수 있는 특별한 틈새시장을 찾겠다는 다짐을 했다. 그렇게 책을 읽고 질문하는 시간을 틈나는 대로 가졌다. 그리고 나를 변화시킨 엄마의 독서에 대한 글을 써야겠다는 목표가 생겼다. 나는 목표 달성을 위해 '일하고, 명상하고, 읽고, 기록을 남기는 것'을 실천 과제로 삼았다.

질문하는 독서는 글로 적어야 한다. 다음과 같은 간단한 방법을 소개한다.

질문하는 독서를 위한 기록법

1. 도서명과 날짜를 쓴다

언제, 어떤 책을 읽고 질문을 했는지 기록을 남긴다. 시간이 지나 다시 보면 내 생각과 삶이 그 당시와 지금 얼마나 바뀌었는지 확인해볼 수 있다.

2. 마음속에 다가온 문장을 쓴다

그날 읽은 내용 중에 나에게 큰 깨달음을 준 문장을 쓴다. 꼭 한 문장이 아니어도 된다. 여러 문장을 쓴다면 각기 다른 문장에서 여러 가지 질문을 뽑을 수 있다. 시간이 지나 그 문장의 앞뒤 부분을 다시 읽고 싶을 때를 대비해 몇 페이지에서 발췌했는지 꼭 남겨둔다.

3. 선택한 책 속 문장을 보고 질문을 뽑는다

질문을 뽑을 때는 나의 상황에 맞춰본다. 예를 들어 CEO에 대한 책을 읽었다면 내가 CEO가 됐을 때를 상상하기보다는, 나는 우리 가정의 CEO라고 생각하고 질문을 만든다. 책의 내용이 CEO는 고객에게 어떤 마음으로 다가가야 하는지에 대해 알려준다면, 그 고객을 아이들이라고 생각해보자. 그럼 질문을 뽑기도 쉽고 답을 하기도 쉽다.

4. 뽑은 질문에 대한 나의 생각을 쓴다

형식은 자유다. 일기, 만다라트, 그림, 키워드 나열, 마인드맵 등 형식에 구애받지 않고 마음대로 쓴다. 세 번째 단계에서 뽑았던 질문에 대한 내 생각을 적어본다.

워킹맘으로 살면서 좌절에 뒹굴다 못해 지하까지 추락했을 때, 내 손을 잡아줬던 것은 나에게 던지는 질문이었다. 그 질문 중에 삶을 변화시킨 핵심 질문은 다음과 같다.

1. 내가 하고자 하는 일의 올바른 방향은 무엇인가?
2. 일, 육아에 있어 내가 꼭 있어야 하는 일과 없어도 되는 일은 무엇인가?
3. 우리 가족을 하나의 팀이라고 본다면 어떻게 해야 우리 팀을 최고의 상태로 이끌고 갈 수 있을까?
4. 나는 나에게 어떤 투자를 하고 있는가?
5. 나는 다른 사람에게 얼마나 큰 영향을 주고 있는가?
6. 나는 무엇에 주목하고 있는가?
7. 나는 현재에 만족하고 있는가?
8. '왜'로 시작해 '어떻게'로 나아가기 위해서 나는 무엇을 해야 하는가?

아이들에게 잔소리하지 않고 아이 스스로 움직이게 하려면 내적인 변화가 필요하다. 여덟 살이 된 큰아이가 혼자 목욕을 하기 시작했다. 하지만 비눗물이 눈에 들어가는 것을 싫어해 머리 감는 것은 꼭 나에게 부탁했다. 어느 날 아이가 가장 친한 친구는 혼자 머리까지 감는다는 것을 알게 됐다. 그날부터 아이는 혼자 머리를 감았다.

아이는 눈에 비눗물이 들어갈까 봐 질색을 하던 머리 감기를 스스로 하게 됐다. 그 과정에는 '친구는 혼자 머리를 감네? 비눗물이 눈에 들어가도 괜찮은가? 나도 한번 해볼까?' 하는 내적인 변화가 있었을 것이다.

책을 읽고 나에게 하는 질문은 아이의 머리 감기처럼 내적인 변화를 만든다. 이 여덟 가지 질문이 어떤 변화를 일으키고 그것이 얼마나 가치 있는 것인지 이해하는 게 중요하다. 그것을 이해해야 자발적 동기에 의해 답을 구하고 행동할 수 있기 때문이다.

'아나그노리시스'란 그리스어가 있다. 아리스토텔레스의 《시학》에 나오는 개념으로 우리 자신이 어떤 사람인지를 깨닫고 앎의 상태로 바뀌는 순간을 말한다. 무언가를 알아차리게 되는 그 순간을 의미하는 것이다. 그 순간은 종종 나에게 질문을 던지며 찾아온다. 그리고 질문에 대한 답을 찾고 무엇이 문제였는지 명확해지는 순간 삶이 바뀐다.

나는 나에게 던지는 질문으로 삶이 바뀌었다. 일과 육아의 균형을 찾고 무엇이 중요한지 알아차렸다. 그리고 새로운 계획이 생겼고 그것을 실천하며 목표에 더 가까이 다가가고 있다. 일하는 엄마도 이렇게 살 수 있다는 것을 과거에는 깨닫지 못했다. 질문이 삶을 변화시키는 방아쇠가 됐다.

책을 찝어 먹는
필사법

✳

"여우 아저씨는 책을 좋아했어요. 그래서 책을 다 끝까지 읽고 나면 소금 한 줌 툭툭 후추 조금 톡톡 뿌려 꿀꺽 먹어 치웠지요."

《책 먹는 여우》의 주인공은 여우 아저씨다. 여우 아저씨는 책을 너무 좋아한 나머지 다 읽고 나면 소금과 후추를 툭툭 뿌려 맛있게 책을 먹어버린다. 그런데 책을 구하느라 빈털터리가 된 여우 아저씨는 서점을 터는 강도가 된다. 감옥에 갇혀더는 책을 먹을 수 없게 된 여우 아저씨는 직접 글을 쓴다. 그동안 지식과 허기를 채웠던 책의 도움으로 어마어마한 성공을 이루며 유명 작가가 된다.

《책 먹는 여우》는 독서의 의미와 방법에 대해 가볍고 재미있게 표현한 책이다. 나는 책을 읽을 때는 작가의 생각에 '내 생각'이라는 양념을 툭툭 뿌려 내 것으로 만들어야 한다는 의미로 해석했다. 나는 책 속 문장을 그대로 필사한다. 내가 문장을 필사하는 것은 여우 아저씨가 책에 양념을 뿌려 꿀꺽 먹어 치우는 것과 같다. 두 손으로 꾹꾹 눌러 담은 문장은 나의 것으로 소화되어 내면에 콕콕 박힌다.

그렇게 내면에 콕콕 박힌 문장은 마녀가 부리는 마법 주문과도 같다. 마녀가 "수리수리 마수리 얍" 하면 소원이 이루어지듯 필사한 문장을 되새기면 내가 변신한다. 책 속의 문장을 필사하다 보면 내가 원하는 것이 무엇인지 알게 된다. 그리고 원하는 것을 이루기 위해 행동하게 된다. 시간이 지나면 그 행동이 쌓이고 원하는 것이 현실이 된다.

《데미안》에서 헤르만 헤세는 우리가 정말로 관심을 가져야 하는 것은 자신만의 운명을 찾아내는 것이라고 했다. 자기 자신을 온전하게 살아가는 것이다. 나는 이 문장을 그대로 따라 적었다. 그리고 안방에 있는 거울에 잘 보이게 붙여두고 지나다니면서 이 문장을 수시로 봤다. 나 자신에게 마법의 주문을 외우듯 "내 운명을 찾아서 자신에게로 가자"라며 중얼거렸다. 그렇게 그 문장을 수시로 보며 중얼거리다 보니 어느 순간부터 내가 진짜 원하는 것에 집중하게 됐고 현실이 달라지기 시작했다.

본격적으로 필사하기 전 초기 단계에는 다음과 같은 방식으로 필사를 했다.

첫 번째, 읽을 책 표지에 스티키 노트 여러 장을 미리 붙여놓는다.

두 번째, 책을 읽다가 밑줄 친 문장을 스티키 노트에 옮겨 적는다.

세 번째, 문장을 옮겨 쓴 스티키 노트를 냉장고, 화장대, 세탁실 문 등 잘 보이는 곳에 붙여놓고 수시로 본다.

틈새 시간에 책을 읽다가 문장까지 옮겨 적으려면 글을 쓸 종이가 가까이 있어야 했다. 그래서 스티키 노트 여러 장을 책 표지에 미리 붙여놓았다. 문장을 적은 스티키 노트는 책에 그대로 붙였다가 집에 돌아와 가장 잘 보이는 곳에 붙여두고 문장을 수시로 봤다.

지금은 필사를 함께하는 사람들이 생겼다. 아레테 인문 아카데미에서 운영하는 작업 프로젝트에 매 기수마다 참여해 고전을 읽고 필사한다. 프로젝트에 참여한 사람들과 같은 책을 읽고, 필사할 문장을 쓰고, 생각을 확장해 문장을 각자의 것으로 만든다. 여우 아저씨가 재미있게 읽었던 책에 소금 한 줌, 후추 조금 툭툭 쳐서 꿀꺽 먹는 것과 같다. 나는 짠맛보다 단맛을 더 좋아하니 아마도 여우 아저씨와는 다르게 소금 한 줌 대신 설탕 한 줌을 넣었을지도 모르겠다. 다른 사람이 쓴 필사 노트를 보면서 '같은 문장을 보고도 이렇게 다른 생각을 할 수 있구나' 하며 감탄하기도 한다. 사람들은 자기만의 양념을 뿌려 책을 꿀꺽 삼킨다.

스티키 노트에 필사하던 초기 단계를 지나 지금은 적극적인 필사를 하고 있다. 그 방법은 다음과 같다.

1. 내면을 가꿔줄 필사 책을 선정한다

나는 이 세상에 좋은 책은 많지만 필사할 책은 따로 있다고 생각한다. 그래서 지금은 고전을 위주로 필사하고 있다. 고전은 인간의 내면을 가꿔준다.《명심보감》《변신 이야기》《에픽테토스의 인생 수업》《키로파에디아》《세상을 보는 지혜》《기탄잘리》《생텍쥐페리 앤솔러지》등 고전을 읽고 쓰며 삶의 지혜를 알아간다. 하지만 꼭 고전이 아니어도 괜찮다. 본인이 관심을 가지는 분야가 있다면 그 분야의 책을 선정해 필사해도 좋다.

2. 필사 노트를 여러 권 준비한다

필사 노트는 같은 종류로 미리 여러 권을 준비한다. 내가 필사를 언제까지 할 수 있을지 확신이 없을 때는 필사 노트를 딱 한 권만 준비했다. 그런데 그 노트를 다 쓴 후에도 필사를 계속하고 있었다. 새 노트를 사야 했는데 기존에 쓰던 노트는 단종됐는지 더는 살 수가 없었다. 필사 노트는 크기와 종류를 맞춰 쓰는 것이 보기에 좋다. 노트 종류만 봐도 그것이 필사 노트인지 알 수 있기 때문이다.

3. 평소보다 15분 일찍 일어나서 필사한다

틈 나는 대로 책을 읽었다. 그런데 필사를 할 시간은 없었다. 이동 시간에는 책을 읽을 수 있지만 노트에 글을 쓰기는 힘들었다. 그래서 책을 평소처럼 읽되, 필사는 집에서 한다. 원래 일어나는 시간보다 15분 정도 일찍 일어난다. 그리고 그 시간에 필사한다. 부족한 잠을 채우느라 가끔 늦게 일어나는 일도 있지만 새벽에 15분을 내서 꼬박꼬박 필사하고 있다.

4. 필사한 문장에 '내 생각'이라는 양념을 친다

필사 초기 단계에는 문장을 스티키 노트에 옮겨 적고, 그 문장을 수시로 봤다. 지금은 다르다. 문장을 먼저 필사한다. 그리고 책을 읽으면서 떠올랐던 내 생각을 적는다. 이것이 필사의 핵심이다. 여우 아저씨처럼 책을 씹어 삼키는 행동이다. 내가 적어놓은 글은 지식과 허기를 채운다. 여우 아저씨가 이것을 토대로 어마어마한 작가가 된 것처럼 내 세계에도 어마어마한 변화가 있을 것이라고 믿는다.

어느 날 밤새 엄청난 태풍이 지역을 휩쓸고 갔다. 위험을 알리는 안전 문자와 함께 아이들 등원이 10시 이후로 미뤄졌다. 그날은 내가 회사에서 미팅을 주관하는 날이었다. 미팅 시간은 11시였다. 미팅 주관자가 제때 도착하지 못할 상황이었다. 어쩔 수 없는 상황이었지만 예전 같았으면 발을 동동 구르며 해결책을 마련하려고 애를 썼을 것이다. 심장은 콩닥콩닥 두근거렸을 것이다.

지금은 필사를 하며 쌓은 지식과 내공이 있다.《에픽테토스의 인생 수업》에서 읽었던 "정해진 무대 속에서 바꿀 수 있는 것은 무엇인가?"라는 문장을 떠올렸다. 이 상황에서 내가 할 수 있는 것을 차분하게 생각해봤다. 어차피 나는 미팅 시간에 맞춰 출근할 수 있는 상황이 아니었다. 내가 바꿀 수 있는 것과 바꿀 수 없는 것을 이성적으로 구분해야 했다. 우선 미팅 시간을 변경할 수 있는지 전화로 상의를 했다. 그리고 아이가 등원할 수 있는 시간 내에서 제일 빠르게 도착할 수 있도록 준비를 했다. 어쩔 수 없는 상황에서도 내가 바꿀 수 있는 것과 바꿀 수 없는 것을 구분하면 그 상황을 해결하는 데 큰 도움이 된다. 이처럼 일상에서 마주하는 문제들은 대개 사소해 보인다. 대단한 문제해결력이 필요한 경우도 있지만 차분한 마음으로 문제를 주도적으로 풀어나가는 힘이 더 중요하다. 나는 '작가들이 인생을 통틀어 알게 된 진리'를 필사로 내 속에 콕콕 박아놓았다. 그리고 그것을 꺼내 적절하게 대응했다. 이것이 필사 전과 후의 어마어마한 차이일 것이다.

책에서 본 문장에 '내 생각'이라는 양념을 툭툭 치자. 필사를 하면서는 평소에 하지 않았던 생각을 하게 된다. 이것이 생각을 확장하는 일이다. 내 생각이 확장되는 것은 알을 깨고 나오는 것과 같다. 새로운 세계가 시작되면 힘들었던 일도 긍정적으로 보인다. 필사를 시작하며 나만의 새로운 세계를 알아차리고 나에게 알맞은 것들로 채워나가자.

정약용 독서법으로 완성한
보물 노트

✳

정약용은 조선 시대 후기의 훌륭한 학자다. 그는 평생 정치, 경제, 역사, 지리 등 여러 분야를 넘나들며 연구를 했다. 그리고 500권이 넘는 책을 썼다. 500권의 책이 세상에 나올 수 있었던 것은 '정약용 독서법'이 있었기 때문이다. 정약용 독서법의 핵심은 초서와 질서다. 초서는 문장을 그대로 베껴 쓰는 것을 말하고, 질서는 문장의 의미를 생각하며 깨달은 것을 적는 것을 말한다.

나는 책에서 말하고자 하는 내용이 무엇인지 파악하기 위해 심혈을 기울이며 읽었다. 그리고 정약용 독서법에 따라 독서 노트에 문장을 베껴 쓰고 떠오르는 생각을 적었다. 나는 이 독서 노트를 보물 노트라고 부른다. 정약용 독서법에 따라 노트를 작성하는 이유는 다음과 같다.

첫째, 세상에 유일한 나만의 생각을 기록한다.

둘째, '초서'와 '질서'로 생각과 의식을 확장시킬 수 있다.

셋째, 고민하고 있던 문제를 해결할 수 있다.

넷째, 새로운 아이디어가 떠오른다.

다섯째, 내가 정한 주제를 끝까지 끌고 가 생각하는 힘을 기른다.

여섯째, 위의 다섯 가지 과정을 통해 변화와 성장을 한다.

처음 사회생활을 시작했을 때 그리고 엄마가 됐을 때 들었던 의문이 있다. '왜 학교에서는 부자가 되는 법이나 아이를 키우는 법을 가르쳐주지 않는 것일까?' 학교에서 가르쳐주지 않았던 내용들을 책을 읽고 독서 노트를 작성하며 스스로 배우고 있다.

독서 노트는 누구나 작성할 수 있다. 특히 엄마들에게 독서 노트는 필수다. 한 사람이 누군가의 엄마가 되는 순간 많은 혼란을 겪는다. 이럴 때 누군가의 조언을 듣는 것도 좋지만 스스로 문제를 해결하고 바로 설 수 있는 것이 가장 좋다.

나는 초서와 질서를 토대로 독서 노트를 작성한다. 독서 노트가 필사 노트, 질문 노트와 다른 점은 명확한 주제 의식으로 책을 읽고 글을 쓴다는 것이다. 그리고 생각에 생각을 더해 새로운 아이디어를 얻고 그것을 실천하는 것을 목표로 한다.

인생의 보물 같은 독서 노트 작성법

1. 독서 노트 첫 장에 주제 또는 목적을 적는다

재테크, 투자 관련 책을 읽는다면 다음과 같은 주제를 정할 수 있다.

[예시]

– 자유를 얻기 위해 부를 쌓는 방법은 무엇일까?

– 성공적인 투자를 위해 해야 할 일과 하지 말아야 할 일은 무엇일까?

– 학교에서는 가르쳐주지 않는 금융, 투자 분야를 아이에게 어떻게 교육할 것인가?

– 나는 아이에게 부와 자유에 대해 어떤 메시지를 전해 줄 것인가?

2. 책 정보와 핵심 문장을 적는다

책 정보를 기록하고 책을 읽으며 밑줄 그은 문장 중에서 핵심 문장이라고 생각하는 문장을 함께 베껴 쓴다. 너무 많은 문장을 따라 쓰면 에너지가 소진되고 시간도 오래 걸린다. 그러면 독서 노트를 완성하기가 힘들 수도 있으니 여러 문장 중에서도 핵심 문장이라고 생각하는 부분을 추려 쓰도록 한다. 베껴 쓰는 문장의 비율은 한 페이지에 40-50퍼센트 정도 차지하도록 한다. 아래에는 나만의 생각을 쓰는 곳으로 비워 둔다.

3. 빈 곳에 베껴 쓴 문장에 대한 내 생각을 적는다

손을 움직이며 베껴 쓰다 보면 평소에는 떠오르지 않았던 좋은 생각이 떠오른다. 바로 떠오르는 생각이 없다면 다음과 같은 질문을 해보자.

[예시]
이 문장이 전하고자 하는 핵심 메시지는 무엇인가?
작가가 전하는 메시지는 합리적인가?
작가의 의견에 찬성하는가, 반대하는가? 그 이유는 무엇인가?
내가 실천할 수 있는 부분이 있는가?

4. 적어둔 내용을 새롭게 연결해보자

흔히 케미스트리를 사람 사이의 화학 반응으로 표현하기도 한다. 나는 케미스트리가 두 개의 생각이 서로 연결될 때도 일어난다고 믿는다. 내가 생각하고 적어둔 내용을 짝지어 보면 새로운 아이디어가 생길 때가 있다. 기존에 있던 생각끼리 케미스트리가 잘 맞으면 새로운 결과가 나온다. 생각에 생각을 더하다가 창조적인 아이디어가 나오는 것이다. 이 아이디어란 의식의 확장이나 고민 해결일 수도 있고, 내가 몰랐던 나의 역량 또는 일상에서는 도저히 떠오르지 않았던 실천 방법일 수도 있다.

5. 적었던 내용을 토대로 열 줄 정도 에세이를 작성한다

노트에 적어둔 나만의 생각을 토대로 처음 정했던 주제에 대해 에세이를 작성해본다. 일기 형식으로 적어도 된다. 여기까지 하면 변화와 성장을 위한 의지가 확실해진다.

6. 'to do list'를 작성한다

이제는 책을 읽고 독서 노트를 적으면서 얻은 깨달음을 실천할 차례다. to do list는 독서 노트에 적어도 되고 포스트잇이나 다이어리에 따로 적어도 좋다. 독서 이후의 변화와 성장을 위해 하나씩 실천해나가는 것이 가장 중요하다.

7. 1개월 뒤 독서 노트를 다시 읽으며 점검한다

독서 노트에 적었던 글을 다시 읽고 현재와 비교해보자. 예전과 비교해보면 의식의 변화와 확장 또는 습관과 생각의 변화를 느낄 것이다

진정으로 삶을 변화시키는 독서를 하기 위해서는 스스로 주인이 돼 책을 읽고 글을 써야 한다. 나는 누구인지, 내가 좋아하는 것은 무엇인지, 내가 지금 관심을 가지고 있는 것은 무엇인지 등 내 생각을 알아야 한다. 초서와 질서를 토대로 책을 읽고 마음속에 일어난 감동과 깨달음을 글로 옮기다 보면 나에 대해 더 알 수 있다. 이 과정을 통해 나 자신을 사랑하고 내 아이를 사랑하며 더 나아가 세상을 사랑할 수 있다. 나를 알면 알수록 더 의미 있고 행복한 삶을 살 수 있다. 나는 독서 노트를 작성하며 나를 다시 알아가고 있다. 그렇기에 독서 노트를 보물 노트라고 부른다.

책을 담벼락 보듯이 하지 말자. 정약용의 말처럼 책에서 뜻을 찾아야 한다. 나만의 뜻을 찾고 그것을 적어보자. 행복한 삶을 살고 싶다면 금은보화보다 더 소중한 나의 보물 노트를 하나씩 만들어보자.

"독서는 뜻을 찾아야 한다.
만약 뜻을 찾지 못하고 이해하지 못했다면
비록 하루에 천 권을 읽는다고 해도
그것은 담벼락을 보는 것과 같다."

《초서독서법》, 김병완

혼자
독서하지 마라

✳

친구 중에 워킹맘이 있다. 최근 그 친구는 아이 학습으로 고민을 하고 있었다. 나는 친구에게 육아서를 읽어보라고 추천했지만 "책 읽을 겨를이 어디 있냐?"는 반응이었다. 나 또한 바쁜 상황을 이해하기에 다른 말을 덧붙이지는 않았다. 시간이 흘러도 그 친구의 고민은 해결되지 않았다. 친구는 내가 추천한 몇 권의 책 중 한 권을 읽어보겠다고 했다. 그러나 친구는 며칠이 지나도 책을 다 읽지 못했다. 안타까운 마음에 친구에게 같이 책을 읽자고 제안했다. 그리고 책을 읽고 난 후 각자의 생각을 말해보기로 했다. 그렇게 그 친구는 책 한 권 읽기를 마칠 수 있었다. 내가 독서 메이트가 된 것이었다.

'독서 모임, 수요일 저녁 7시'

나는 책을 읽고 누군가와 생각을 나누고 싶었다. 그래서 인터넷으로 독서 모임을 찾았고 다행히 독서 모임 장소는 집에서 멀지 않았다. 그 모임에 꼭 참석하고 싶었지만, 평일 저녁에는 시간을 낼 수가 없었다. 어쩔 수 없이 참석을 포기했다. 그런데 코로나 19 확산 이후, 대면 모임은 거의 취소됐고 비대면 모임으로 대체됐다. 워킹맘인 나에게는 기회였다.

원래 대면으로만 진행하던 엄마의 글쓰기 모임이 있었다. 장소는 서울이었다. '나는 못 가겠군' 하며 눈으로 후기만 보았는데 처음으로 온라인 모임이 생겼다. 공지글을 보자마자 재빠르게 참가 신청을 했다. 그리고 생전 처음으로 모르는 사람들과 온라인으로 이야기를 나눴다. 여러 사람의 응원을 받으면서 생소했던 글쓰기 모임을 마지막까지 잘 마칠 수 있었다.

내가 글쓰기 모임을 잘 마칠 수 있었던 것은 누군가와 함께했기 때문이다. 워킹맘 친구가 책 한 권을 끝까지 읽을 수 있었던 것도 내가 함께했기 때문이었다. 독서가 작심삼일이 되지 않기 위해서는 외부의 도움이 필요하다. 그런데 워킹맘은 대면 모임에 참여하기가 쉽지 않다. 대신 온라인 독서 모임에 참여해 독서에 강제성을 부여해보자.

내가 참여했던 온라인 독서 모임 중 가장 의미 깊었던 모임이 하나 있다. 두 달 동안 같은 주제로 책 다섯 권을 읽는 독서 모임이었다. 그 모임에서는 매일 정해진 분량을 읽고 단톡방에 인증을 했다. 인증 방식은 타임스탬프 앱으로 그날 읽은 첫 페이지 사진을 찍어서 보내는 것이었다. 참여한 사람들은 주로 새벽 시간에 인증을 했다.

온라인 독서 모임을 시작하고 3주 정도가 지나 일이 너무 바쁜 시기가 찾아왔다. 육아까지 버거워져서 마음이 흔들리고 있었다. 하지만 매일 새벽, 늦은 밤을 가리지 않고 단톡방에 올라오는 사람들의 글을 보니 책 읽기를 중단할 수가 없었다. 마음을 가다듬고 새벽에 일어나 책을 읽기 시작했다. 집에서 회사까지 거리가 멀어 원래 일찍 일어나야 하는 상황이라 새벽 독서는 딱 20분으로 정했다. 그래서 평소보다 20분 일찍 일어나기로 했다. 기간은 온라인 모임이 진행되는 두 달로 짧게 정했다. 드디어 온라인 모임에서 마지막으로 인증하는 날이 왔다. 그동안 찍었던 인증 사진을 다시 봤다. 해냈다는 뿌듯함에 어깨가 으쓱했다.

'와, 벌써 끝나다니. 중간에 그만두지 않기를 잘했어.'

누구나 참여 가능한 독서 모임이지만 아무나 끝낼 수 있는 것은 아니다. 대면 독서 모임의 경우 발제문과 토론의 부담으로 참석하기 어려워하는 사람들도 더러 있다. 내가 참여한 온라인 모임은 그런 부담이 없었다. 쉽고 편안하게 내 일정에 맞춰서 책을 읽고 인증하고 글을 쓰면 되는 것이었다.

독서 모임의 장점

1. 다양한 책을 접한다

육아서와 재테크 책을 주로 읽던 때 온라인 모임을 통해 칼 세이건의 《코스모스》를 알게 됐다. 우주에 관한 책으로 나에게는 첫 과학책이자 벽돌 책이었다. 반쯤 읽다가 다른 책에 밀려 지금은 책장에 꽂혀 있지만, 올해 안에 완독할 계획이다. 온라인 모임이 아니었다면 아마 관심을 가지지 않았을 분야의 책이었을지도 모른다.

2. 다양한 관점을 접한다

책을 읽고 쓰는 독서 노트, 또는 주제에 대한 글쓰기를 통해 타인의 생각을 엿볼 수 있다. 그 과정에서 같은 글을 보고도 나는 떠올리지 못했던 생각을 접하게 된다. 그러면서 다양한 관점을 접하고 이해하게 된다. 온라인 독서 모임 참석자 중에 전업주부가 있었다. 그분은 결혼과 동시에 일을 그만두고 전업주부가 됐다. 그분은 다시 일하고 싶어 했다. 남편에게 의지하지 않고 본인이 돈을 벌고 싶다고 했다. 나와 그분은 반대 입장이었다. 그분의 글을 보고 일과 경제력에 대한 다른 관점을 접했다.

3. 책을 읽고 생각을 나눈 후의 변화를 함께 체험한다

책을 읽고 내 생각을 나누고 타인의 생각을 들여다보면서 선한 영향력이 떠올랐다. 환경과 관련된 책을 함께 읽었을 때는 각자 플라스틱 사용을 줄이는 데 동참해보겠다는 말로 마무리를 했다. 그 후로 커피 매장에 가면 텀블러를 들고 간다.

4. 다양한 인맥이 형성된다

나이가 들고 아이가 생기면서 집, 회사, 집, 회사를 맴돌았다. 가끔은 힘들게 잡은 모임에서 오랜만에 친구들을 만났다. 어느새 늘 만나던 사람들만 만나게 됐다. 그런데 온라인 모임에 참여하는 사람들은 지역도, 직업도 다양했다. 온라인 모임에서 만나 블로그 친구가 된 경우도 종종 있었다. 다양한 직업을 가진, 다양한 색깔을 가진 개성 넘치는 사람들을 만나는 것은 일상에 새로움을 더한다.

독서의 중요성은 누구나 알고 있다. 그렇기에 새해 계획을 세울 때 독서 몇 권이 꼭 들어가는 것인지도 모르겠다. 독서가 작심삼일이 되지 않으려면 함께 읽어야 한다. 독서 메이트는 누가 돼도 관계없다. 얼굴도 모르는 온라인 참석자여도 괜찮다. 책을 함께 읽으면 좋은 점이 많다. 좋은 것을 함께하다 보면 유의미한 변화도 생긴다. 책을 읽고 싶은데 너무 바빠서 못 읽겠다면 함께 책을 읽을 독서 메이트를 찾아보자.

아무리 찾아도 독서 메이트가 없다면? 나를 찾아와도 좋다. 나는 블로그(blog.naver.com/jjarimii)에서 온라인 독서 모임을 운영하고 있다. 사람들과 함께 책을 읽고 마음에 울림을 주는 문장을 나눈다. 독서 메이트가 필요할 때 언제든지 찾아와주길 바란다.

엄마의
전자책 활용법

✳

'제주 학교도서관 전자책 서비스 구축, 1만 7,080권 수록'

2021.08.18. 〈연합뉴스〉

'인천시 교육청, 전자책 대출 서비스 운영'

2021.07.29. 〈에듀인뉴스〉

전자책(eBook)이 활성화되고 있다. 예전에는 책을 읽기 위해 서점을 찾아가 종이책을 구매해야 했다. 지금은 스마트폰, 태블릿 PC 등 각종 전자기기로 책을 읽을 수 있다. 그에 따라 전자책 플랫폼도 확대되고 있다. 밀리의 서재, 리디북스, 윌라, 교보문고 샘, YES24 북클럽 등에서 전자책, 오디오북을 만날수 있다. 전자책 사용자가 늘어남에 따라 각 기관에서도 다양한 방식으로 전자책 도서관을 운영하고 있다.

나는 매일 두세 권의 책을 들고 다녔다. 원하는 책을 언제든 읽을 수 있었지만 가방이 무겁다는 단점이 있었다. 그러던 어느 날 자주 책을 구매하던 온라인 서점에서 '전자책 한 달 무료 이용권'을 보게 됐다. '와, 이거 신세계인데? 이제 가방이 가벼워지겠다.' 한 달 무료가 끝나고 정기 결제를 선택했다. 지금은 종이책은 한 권만 들고 다니고, 나머지는 전자책으로 읽고 있다. 전자책으로 책을 읽는 것은 많은 장점이 있다. 무엇보다도 틈새 독서를 활용하기에 좋다.

회사 점심시간 같은 자투리 시간에는 책을 챙기기보다 전자책으로 편하게 골라 읽는다. 출퇴근 대중교통 환승 시에도 유용하다. 종이책을 들고 걸으며 읽는 사람은 드물어도 태블릿이나 핸드폰을 보며 걷는 사람은 많다. 그 점에 착안하여 엘리베이터나 무빙워크를 탔을 때 가볍게 전자책을 꺼내든다. 전자책은 집에서도 유용하다. 집안일을 할 때 오디오북을 켜둘 수도 있고, 요리를 할 때는 전자책으로 레시피를 확인하는 것이 간편하다. 전자책 한 달 정기권을 끊어두면 요리책도 무제한으로 볼 수 있어서 차례만 보고 원하는 메뉴를 고를 수도 있다. 인테리어나 정리 수납에 관련된 책도 종이책보다는 전자책으로 볼 때 훨씬 간편하게 정보를 파악할 수 있다.

전자책에는 다양한 기능이 있다. 나는 전자책의 하이라이트 기능과 듣기 기능을 자주 이용한다. 전자책 기능을 활용하는 방법을 다음과 같이 정리해봤다.

전자책의 기능 활용법

1. 하이라이트 기능으로 독서 노트 만들기

전자책은 형광펜으로 밑줄 긋듯 문장에 하이라이트를 표시할 수 있다는 장점이 있다. 어떤 색으로 하이라이트할 것인지 고를 수도 있다. 하이라이트한 내용이 전자책 독서 노트에 정리된다. 몇 페이지에 어떤 문장을 언제 하이라이트했는지 일목요연하게 정리가 돼 있다. 전자책을 다 읽고 난 후에는 하이라이트한 문장만 전자책 독서 노트에서 확인하고 그중에서 좀 더 기억하고 싶은 문장을 최대 열 문장 정도 따로 추려낸다. 추려낸 문장은 전자책 공유 기능을 이용해 핸드폰에 노트 앱으로 공유한다. 이것을 프린트해서 따로 파일링을 해둔다. 이런 기능을 활용하면 직접 글 한번 쓰지 않고도 독서 노트를 만들 수 있다. 전자책 독서 노트를 내용에 따라 구분해놓는다. 그러면 추후 공부 노트로도 활용할 수 있다. 나는 전자책을 읽고 세 가지 독서 노트를 만들었다.

[아이 초등학교 준비에 관한 독서 노트]
학교 입학 준비물 리스트, 문제집 또는 학습 방법에 관한 정보, 아이가 초등학교 입학 전 쌓아야 할 기초 학습 능력 등을 정리해놓은 독서 노트다.

[월급 투자에 관한 독서 노트]

주식, 부동산 등 재테크의 기초를 다지는 내용을 모아놓은 독서 노트다.

[책 육아 정보 독서 노트]

나이가 다른 첫째와 둘째의 책 육아와 관련된 그림책 정보를 정리해둔 독서 노트다.

내가 아무리 시간을 내서 글을 쓰겠다고 마음먹었어도 필사 시간을 제외하고는 글을 쓸 기회가 잘 나지 않는다. 책을 읽고 독서 노트를 쓰는 것이 중요하다는 건 알지만 자꾸 밀릴 때가 많다. 그래서 필요한 정보는 전자책의 하이라이트 기능을 활용해 독서 노트로 만든다. 그리고 필요할 때마다 독서 노트만 따로 보고 있다.

2. 차 안에서는 오디오북 듣기

자가용으로 운전하며 출퇴근하는 사람들에게는 오디오북을 추천한다. 운전하는 동안 음악을 들으며 하루를 시작할 수도 있지만 읽고 싶은 책이 있다면 운전하면서 책을 듣는다. 전자책은 보통 듣기 기능이 있고 이것을 틀면 오디오북이 된다. 듣는 속도도 조절할 수 있어 몇 배속으로 빠르게 듣기 또는 느리게 듣기 조절이 가능하다. 페이지 설정도 가능해서 듣고 싶은 구간을 미리 정할 수도 있다. 페이지는 내가 일일이 넘기지 않아도 자동으로 넘어간다. 기계음이 들려주는 오디오북도 있지만 요즘 성우들이 실감 나게 읽어주는 오디오북도 많고 장르도 다양하다. 시사, 과학, 패션 매거진까지 오디오북으로 읽어주는 어플도 있다.

아침 출근길, 그날은 남편이 휴가였다. 남편이 차로 회사까지 데려다주기로 했다. 나는 출근하고 아이들은 어린이집과 유치원에 가지 않을 때였다. 그래서 아이들도 같이 차에 타고 있었다. 나는 동요 대신 오디오북을 켰다. 아이들이 함께 타고 있어서 내 책보다는 아이들 동화책을 오디오북으로 들려주는 게 좋을 듯했다. 운전하면서도 책과 가까이 하는 모습을 아이들에게 보여줄 수 있었다.

책을 읽을 때도 전략이 필요하다. 종이책과 전자책은 각각의 장점이 있다. 많이 읽고 싶은데 시간이 없거나 장소의 제약이 있다면 전자책으로 책을 읽어보자. 스마트기기로 쉽게 볼 수 있고 다시 보고 싶은 내용도 언제든지 찾아볼 수 있다. 언제 어디서나 무엇을 하고 있더라도 책을 읽을 수 있으니 아주 편리하다.

독서의 영역을
확장하라

✳

"솟아라, 뿔 각!"

"한곳으로 모여라, 모일 회!"

"열려라, 문 문!"

"돌이킬 반, 쏠 사, 반사!"

"죽을 사, 망할 망, 사망!"

여덟 살 된 첫째 아이는《마법 천자문》에 푹 빠졌다. 아이는 종종 나에게 한자 대결을 하자고 졸랐다. 아이는 책에서 본 한자를 그대로 외워 말했다. 마지막엔 자기만의 필살기 "죽을 사, 망할 망, 사망"으로 나를 이겼다.

첫째 아이가 태어났을 때 아이에게 초점 책을 보여줬다. 그리고 아이가 조금 자랐을 때 유명한 유아 보드 북《달님 안녕》《사과가 쿵》을 읽어줬다. 아이는 지금까지 과학 동화, 수학 동화, 창작동화, 생활 동화 등 여러 종류의 책을 접했다. 나는 아이가 책을 좋아하는 아이로 컸으면 하는 바람이 있었다. 그래서 궁리 끝에 아이가 좋아하는 책을 찾고 나름의 방법으로 아이에게 다양한 책을 읽어주려고 노력했다. 영양이 풍부한 음식을 다양하게 섭취해야 좋은 것처럼 아이가 여러 종류의 책을 다양하게 접하길 바랐다.

아이가 자라난 시간만큼 나도 책에 빠져서 살았다. 어느 날 문득, 아이에게 바라는 만큼 나 또한 다양한 분야의 책을 읽고 있는지 의문이 들었다. 그리고 내 대답은 아이를 낳기 전에는 "아니요"이며, 아이를 낳고 난 후에는 "네"다. 아이를 낳고 난 후 오히려 다양한 책을 읽었다. 일하는 엄마로 살아가는 동안 변하는 상황에 따라 많은 생각과 질문을 했고 그럴 때마다 내 곁에는 책이 있었다. 나는 시기별로 여러 분야의 책을 읽으면서 생각을 확장하고 질문에 답을 찾는 시간을 가졌다.

관성은 물체에만 적용되는 것이 아니다. 사람에게도 적용된다. 사람들이 지금까지 해왔던 대로 하려는 습관, 이것이 관성이다. 사람들이 하던 대로만 하려는 이유는 그것이 가장 편하기 때문이다. 일상에 치이고, 결핍, 외로움, 공허함을 느껴도 바꾸려고 하지 않는다. 신세 한탄만 할 뿐이다. 사실 상황을 바꾸고 싶어도 무엇부터 해야 할지 모를 때도 있다. 이럴 때 상황에 따라, 변화에 따라, 시기에 따라 그에 맞는 독서가 필요하다. 책은 관성의 법칙에서 벗어나 내가 꿈꾸는 방향대로 이끌어줄 멘토가 되기 때문이다.

워킹맘은 크게 세 번 정도 변화의 시기를 겪는다. 출산휴가 및 육아휴직, 회사 복직 그리고 퇴사 고민의 시기다. 이 시기별로 어떤 분야의 책을 읽으면 좋을지 정리해봤다. 이 변화의 시기에는 추천하는 도서를 집중적으로 읽으며 책 멘토가 이미 경험한 발자취를 따라가 봐야 한다.

첫 번째, 출산휴가와 육아휴직 기간에는 아이를 돌보며 육아서를 읽어라.

직장인이 출산휴가와 육아휴직이라는 휴식기를 가질 수 있는 것은 행운이다. 물론 아이가 있어 생활에 제약이 따르긴 하지만 일에서 벗어나 온전히 삶에 집중할 수 있는 가장 좋은 시간이다. 아이가 태어나고 백일까지는 밤낮으로 아이를 먹이고 재우느라 정신이 없다. 그러다 백일이 지나 아이가 제법 통잠을 자고 낮잠의 패턴이 잡히면 조금씩 내 시간이 생긴다. 나는 이 시간에, 아무것도 모르고 시작한 육아를 정복하기 위해 육아서를 읽었다. 아기 띠로 아이를 안고 재울 때도 책을 읽고 분유 수유를 하면서도 책을 읽었다.

육아휴직 후 복직을 하면 예상치 못한 일들이 많이 생긴다. 그리고 육아와 관련된 수많은 선택을 해야 한다. 아이에게 한글은 언제부터 가르칠지, 어떤 책을 읽어줄지, 어떤 어린이집을 보낼지, 아이와 짧은 시간 동안 어떻게 놀아줄지 등 많은 선택지가 내 앞에 놓인다. 그리고 엄마의 결정은 아이에게 직접적인 영향을 준다. 이런 상황에 대비해 육아의 방향과 철학을 미리 세워두는 것이 좋다. 육아서를 읽다 보면 육아 선배인 작가의 사례를 알 수 있고, 원하는 정보를 얻을 수 있다. 그러면서 나만의 육아 철학을 세울 수도 있다.

책을 읽으며 육아에 큰 줄기를 만들었다면 잊어버리지 않도록 어느 시기에 무엇을 해야 할지 적어놓아야 한다. 핸드폰에 있는 캘린더 앱에 미래의 계획을 미리 적어두자. 예를 들면 아이가 지금 네 살인데 육아서를 읽고 나서 다섯 살부터 한글을 가르쳐야겠다는 생각이 들었다. 그럼 캘린더 앱을 켜서 다섯 살이 되는 해 1월 1일을 찾아 '아이 이름, 한글 시작'이라고 미리 메모해둔다. 한글을 깨치고 난 후 1년 뒤에 영어 알파벳 쓰기를 본격적으로 가르쳐야겠다는 계획을 세웠다면 여섯 살이 되는 해 1월 1일에 '아이 이름, 영어 알파벳 시작'이라고 미리 적어두자.

이 시기에는 한 달 10권 읽기 독서법에서 추천한 육아서 외에도 좀 더 무거운 내용의 육아서를 추가로 추천한다.

나의 추천 도서

《칼 비테의 인문고전 독서교육》《복수당하는 부모들》《위대한 유산》《엄마 반성문》《내 아이를 위한 감정코칭》《못 참는 아이 욱하는 부모》《엄마의 말 공부》《현명한 부모들이 꼭 알아야 할 대화법》《부모와 아이 사이》《부모와 십대 사이》《어쩌다 엄마》《부모 인문학 수업》《아이 마음에 상처 주지 않는 습관》《엄마 심리 수업》《나는 오직 아이의 행복에만 집중한다》

두 번째, 육아 휴직을 끝내고 복직 후 6개월간 '나는 왜 일하는지'에 대해 생각해보라.

"엄마가 섬 그늘에 굴 따러 가면 아기가 혼자 남아 집을 보다가 바다가 불러주는 자장노래에 팔 베고 스르르 잠이 듭니다. 엄마는 다 못 찬 굴 바구니 머리에 이고 모랫길을 달려옵니다."

나는 이 노래를 들으면 뭔가 애잔하고 슬퍼진다. 마치 워킹맘인 나의 이야기 같다. 어떤 워킹맘은 복직과 동시에 어린 아이를 어린이집에 맡기기도 한다. 아이가 어릴수록 어린이집에 보내는 것이 더 미안하다. 그래서 엄마들은 퇴근길에 어린이집까지 숨 가쁘게 달려간다. 베이비시터에게 아이를 맡겨도 맘이 편하지 않은 것은 마찬가지다. 아이가 어린이집에 다니기 시작하면 자주 열이 나고 아프다. 그래서 복직 후 적응 기간에는 '일을 계속해야 하나, 말아야 하나?' 고민을 한다.

이럴 때는 경제, 경영, 자기계발서 위주로 읽어야 한다. 워킹맘은 나를 경영하는 사람이다. 일과 육아를 동시에 경영해야 한다. 이런 종류의 책은 내가 나를 경영하는 데 도움이 된다. 그러면서 육아와 일에서 오는 위기를 넘길 수 있다. 그리고 '나는 왜 일하는가?'에 대해 생각해보며 내면의 소리에 귀를 기울여야 한다. 다음과 같은 책을 읽고 일하는 이유, 목적을 찾아보자.

> **나의 추천 도서**
>
> 《사장의 일》《나는 왜 일하는가》《그대 스스로를 고용하라》
> 《모든 비즈니스는 브랜딩이다》《여자를 위한 사장 수업》
> 《나는 왜 이 일을 하는가?》

세 번째, '일을 그만둬야 하는가?'가 계속 고민된다면 고전을 읽어라.

일과 육아에 체계가 잡히고 그럭저럭 할 만하다는 느낌이 들어도 드문드문 힘든 시기가 찾아온다. 어린이집 방학인데 아이를 봐줄 사람이 없을 때, 어린이집 상담, 소풍 등 행사가 회사 일정과 겹쳐 가지 못할 때, 코로나로 가정 보육을 해야 할 때 등 마음이 힘들 때가 있다. 게다가 회사 일이 몰려 잠깐의 여유도 없을 때는 '그만두고 싶다'는 생각이 자주 든다. 이럴 때는 삶의 자세, 처세술, 고전을 읽으면 좋다. 이런 책은 나의 의식을 바꿔준다. 그리고 힘든 시간을 어떻게 보낼지에 대한 삶의 지혜까지 알려준다.

고전을 처음 접한다면 문장 자체의 의미를 파악하는 게 힘들 수도 있다. 이럴 때는 고전 해설을 곁들인 책으로 고전을 쉽게 접해봐도 좋다.

나의 추천 도서

《세상을 보는 지혜》《기탄잘리》《키로파에디아》《변신이야기》《에픽테토스의 인생 수업》《명심보감》《어린 왕자》《야간 비행》《인생수업》《일리아스》《오뒷세이아》《소크라테스의 변론》《빅터 프랭클의 죽음의 수용소에서》《데미안》《논어》《채근담》《향연》《명상록》《니체의 인생 강의》

• 고전 해설을 곁들인 책

《살면서 꼭 한 번은 채근담》《살면서 꼭 한 번은 논어》《살면서 꼭 한번은 명심보감》《고전명언 마음수업》

아이가 다양한 분야의 책을 읽기를 바라는 만큼 엄마도 다양한 분야의 책을 읽어보자. 워킹맘의 인생에 위기는 자주 찾아온다. 그 위기는 '일을 계속해야 하나 말아야 하나?' 하는 고민의 시기인 경우가 많다. 그럴 때 일을 계속해야 할지 말아

야 할지 누구한테 물어볼 수도 없다. 결정은 나만이 할 수 있다. 다양한 책을 읽고 생각을 정리하고 주변을 관리하자. 그러면서 워킹맘의 위기를 지혜롭게 잘 넘기길 간절히 바란다.

육아의
최고 멘토는 책

✳

"내가 제일 잘한단 말이야! 내가 최고야."

아이가 다섯 살 즈음부터 시작된 "내가 최고야"라는 주장에 뭐라고 반응해야 할지 몰랐다. 동생이 태어나서 그런 걸까? 칭찬이 받고 싶은 걸까? 내가 일을 해서 엄마의 사랑이 부족한가? "어, 네가 최고야"라고 계속 인정하면 왠지 자만에 빠져 이기적인 아이가 될 것만 같았다. 그렇다고 현실적으로 "아니야, 누가 더 잘해"라고 말할 수도 없는 일이었다.

이 고민을 해결한 것은 한 권의 육아서였다. 아이의 발달 단계에 따른 특징을 설명해주는 책으로 그 책을 읽고 아이가 남근기에 있다는 것을 알게 됐다. 에너지가 자신에게 집중되는 시기이며 정상적인 발달 단계라 한다. 잘난 척이 하늘을 찌르는 시기라고도 했다. 굳이 열등감을 심어줄 필요도 없고 부모가 자신을 알아봐주기를 원할 때 "엄마한테는 우리 아들이 최고지"라는 말로 넘어갈 수 있다고 했다. 내 고민은 싹 사라졌다.

첫째를 낳고 나서는 아이를 어떻게 키워야 할지 막막했다. 아들을 낳아보니 남자와 여자는 태어날 때부터 다른 무엇인가가 있다는 게 느껴졌다. 집 앞 광장에서 아이가 친구들과 노는 것을 지켜볼 때였다. 유독 남자아이들이 킥보드를 들고 돌리며 놀고 있었다. 킥보드는 타고 다니는 거라고만 생각했는데 돌리며 놀 생각을 한 것이 참 신기했다. 그 장면을 같이 보고 있었던 남편은 같은 남자로서 공감하고 있었던 것 같다. 아무런 말없이 미소만 짓고 있었다. 나는 아들과 관련된 육아서를 읽고 많이 공감했다. 가끔 아들의 특징을 이해하지 못해서 부딪혔던 어려움이 해소되는 기분이었다. 아들을 좀 더 이해하고 아들을 바라보는 마음에 여유가 생겼다.

아이가 커갈수록 아이의 학습은 내가 스스로 찾아서 결정해야 했다. 검색해보려 해도 검색어를 무엇으로 할지부터가 막혔고 지인에게 물어보는 것도 한정적이었다. 그러다 책을 읽고 흐름을 따라가며 책 육아에 발을 들이게 됐다. 육아서에서 추천하는 그림책을 찾아 아이에게 읽어주다 보니 아이의 취향을 알게 됐다. 굳이 전집이 아니더라도 아이가 좋아하는 책을 골라줄 수 있는 나만의 안목도 생겼다. 내가 깨우친 순간부터 단 하루도 아이에게 그림책을 읽어주는 것을 거른 적이 없다.

책 육아 관련 육아서로 시작된 것은 아이의 초등학교 입학 준비까지 이어졌다. 아이의 초등학교 입학은 워킹맘의 갈림길이다. 초등학교에서는 무엇을 가르치고 그에 따라 미리 준비해야 할 것을 알아놓으면 좋다. 그래서 초등학교 입학 몇 개월 전부터 초등학생, 초등학교 생활에 관련된 책을 읽었다. 입학과 동시에 준비해야 할 준비물 리스트를 얻고, 시간 없는 엄마이기에 초등학교 학습 계획을 미리 세우기도 했다. 틈틈이 아이에게 학교생활에 관해 이야기했다. 미리 정보를 알게 되니 천군만마를 얻은 듯 든든했다. 워킹맘이라서 어쩌면 놓칠 수도 있는 부분을 책을 통해 채웠다. 정보가 있고 없고는 천지 차이다. 미리 찾은 정보들은 아이가 초등학교에 입학해서 학교생활에 적응하는 데 큰 도움이 됐다.

책을 읽은 후로 아이와 함께 있는 시간에는 최대한 잔소리와 훈육을 줄이고 즐겁게 보내도록 노력하고 있다. 책을 통해 알게 된 아이의 발달 단계에 따른 특징을 이해하려고 한다. 나에게 있어 최고의 육아 멘토는 책이었다. 그동안 읽은 책이 육아에 큰 도움이 됐고 아이들도 잘 자라고 있다. 무엇보다도 그 누구보다 친한 엄마와 아이 사이가 돼가고 있다. 그 과정에는 내가 읽은 책이 있었다.

4장

아이의 그림책을 읽으며 엄마도 자란다

아이 행복에 집중하는
책 육아 시작하기

✳

책을 읽게 된 이후 나에게 찾아온 기적 같은 변화가 있다. 나의 행복에 집중할 수 있게 됐다는 것이다. 나는 외부에 가 있던 시선을 나에게로 가져왔다. 그리고 나를 위해 할 수 있는 것에 좀 더 신경을 쓰게 됐다. 가장 먼저 텔레비전을 껐다. 하루 중 단 몇 분이라도 내게 시간을 쓴다. 느긋하게 차를 마시거나, 책을 읽는다. 이때는 무언가를 해야 한다는 조급한 마음을 내려놓는다.

하지만 아이들과 있다 보면 시간을 내는 게 쉽지 않다. 아이들에게 "엄마 지금은 조용히 차 좀 마실게"라고 말을 해야 아이들이 잠시라도 나를 찾지 않는다. 내가 조용히 내 일에 집중하는 사이에도 아이들은 거실에서 부단히 움직이고 논다. 한 화면에 두 상황을 놓고 본다면 아마도 딴 세상을 보는 것 같을 수도 있다.

아이들과 함께할 시간도 빠듯한데 내 시간을 가진다고 하면, 누군가는 '아이와 덜 놀아주겠지' '일한다고 육아는 누군가에게 맡기겠지'라고 생각할 수도 있다. 하지만 책을 읽고 나의 행복을 찾으면서 아이의 행복에 더 집중하게 됐다. 그 계기는 첫 번째가 육아서 읽기였고 두 번째가 책 육아였다.

나는 아이들에게 부족한 엄마가 아닐까 늘 전전긍긍했다. 좀 더 나은 육아법을 찾아 주변을 기웃거렸던 시절도 있었다. 하지만 육아서를 읽게 되면서 아이에게 더 집중할 수 있었다. 내가 육아서의 고전으로 뽑는《부모와 아이 사이》라는 책은 몇 번을 읽었다. 이 책에는 부모가 아이를 키우면서 매일 부딪힐 수 있는 여러 가지 상황에 관한 구체적이고 실천적인 해법이 나와 있다. 작가는 아이의 잘못을 꾸짖기 전에 먼저 아이의 마음을 읽으라고 말한다. 아이의 마음을 읽는 것은 아이의 행복과 직결된다.

육아서를 읽다가 눈에 띄는 문장이 생기면 노트에 옮겨 적었다. 육아서 내용을 정리하기도 했다. 이때는 필사가 무엇인지도 모를 때였다. 육아서의 수많은 문장은 아이의 행복을 말하고 있었다.

육아서를 읽다 보면 자연스럽게 책 육아에 빠져든다.《지랄발랄 하은맘의 불량육아》와《달팽이 책육아》를 보며 어떻게 책 육아를 하는지 알았다. 정보를 얻는 것도 중요하지만 아이에게 어떤 마음으로 책을 읽어줄 것인가에 대해 생각했다. 아이들에게 책을 읽어주는 이유는 내가 책을 읽는 이유와 같았다. 내가 책을 읽으며 나의 행복에 집중할 수 있게 된 것처럼 책 육아도 아이의 행복에 좀 더 집중하게 만들었다.

아이에게 책을 읽어주는 것은 다음과 같은 의미가 있다. 아이는 따뜻한 엄마의 품에서 엄마의 냄새를 맡으며 동화 속 이야기 세상으로 들어간다. 아이는 그림책의 주인공이 돼 마음껏 상상의 나래를 펼친다. 그리고 나는 아이와 그림책을 읽으며 오늘 있었던 일을 도란도란 이야기한다. 슬픈 일, 속상한 일, 감사한 일, 즐거운 일, 그날 느꼈던 감정과 경험에 관해 이야기한다. 나와 아이는 대화를 하며 하루 동안 느꼈던 스트레스와 피로를 말끔히 씻어낸다.

시간이 날 때마다 아이를 무릎에 앉히고 책을 읽어준다. 사실 책을 읽어줄 시간이 없을 때도 많다. 그래도 하루 한 권은 읽어주는 것을 목표로 하고 있다. 책을 읽어줄 때면 아이의 정수리가 내 코밑에 있을 때도 많다. 땀을 많이 흘린 날은 쿰쿰한 냄새도 난다. 그래도 아이 냄새라서 좋다. 아이의 살 냄새, 포동포동하고 말랑말랑한 살의 촉감을 느끼며 무릎에 앉히고 책을 읽어준다. 낮에는 책을 읽어줄 시간을 내기가 어렵다. 그래서 잠들기 전에 꼭 책을 읽어준다. 아이가 행복감을 느낄 수 있도록, 하루의 피곤함을 씻는 시간이 되도록 온 마음을 다해 책을 읽어준다.

일하는 엄마에게 책 육아가 필요한 이유

1. 아이의 일상을 공유할 수 있다

《노란 우산》이라는 그림책이 있다. 이 책에는 글이 없다. 알록달록 파스텔색 우산만 있다. 등교하는 시간의 흐름에 따라 우산이 더해져 마치 화려한 꽃이 피는 것 같다. 마음이 따뜻해진다. 우산 속에서 재잘거리는 아이들의 목소리가 들릴 것만 같다. 자기 전에 아이와 함께 이 그림책을 봤다.

첫째 아이는 아파트 1층에서 친구 네 명과 만나 함께 등교를 한다. 둘째를 챙기고 출근해야 하는 나는 1층까지 나가지 못한다. 다른 아이들 엄마, 아빠가 한 분씩 돌아가며 학교 가까운 곳까지 인솔해준다. 나는 나가지 못하는 죄송한 마음과 아이들이 잘 가고 있는지 궁금한 마음에 창밖을 내다본다. 아이들이 둘, 셋 모여 횡단보도를 건너가는 것이 보인다. 비 오는 날이었다. 그림책처럼 알록달록한 모습은 아니었지만, 우산을 들고 총총거리며 가는 모습이 보였다. 아이들은 우산 속에서 무슨 이야기를 할까 궁금해졌다.

자기 전에 아이에게 물어봤다.

"학교 갈 때 친구들이랑 어떤 이야기했어?"

"어제 미니카 접은 이야기, 링 비행기 접은 이야기했어."

색종이 접기에 심취해 있는 첫째 아이답다. 같이 등교하는 친구 중에 한 남자아이와 여자아이는 앞장서서 둘이 손잡고 간다는 비밀스러운 이야기도 들었다. 퇴근하고 나면, 아이에게 오늘은 어떤 일이 있었는지 물으며 대화를 시도하지만 늘 하던 말만 되풀이할 때가 있다. 잠들기 전까지 두세 시간 안에 꼭 해야 할 일을 마무리해야 하기 때문이다. 저녁밥 먹기, 목욕하기, 숙제하기, 나머지 살림 정리까지 하다 보면 아이와 다양한 주제로 대화하기가 쉽지 않다. 그래서 자기 전 그림책을 읽으며 슬쩍 아이의 일상을 물어본다. 그림책으로 시작한 대화는 늘 새로운 이야기로 우리를 이끌어준다.

2. 하루의 피곤함을 풀어준다

《구름빵》은 아마 한국을 대표하는 그림책일 것이다. 이 그림책을 좋아하지 않는 아이를 보지 못했다. 우리 아이들은 구름빵 이야기를 달달 외울 정도로 좋아한다. 네 살 된 둘째 아이도 이 그림책을 좋아한다. 자기 전에 《구름빵》을 읽어주다가 이야기를 새롭게 만들어봤다.

"어느 날 아침 눈을 떠보니 창밖에 비가 내리고 있었어요. 나는 동생을 깨워 밖으로 나갔어요. 작은 구름이 나뭇가지에 걸려 있었어요. 엄마에게 갖다줬어요. 엄마는 큰 그릇에 구름을 담아 잘 씻은 쌀을 넣고 물을 부어 전기밥솥에 취사를 눌렀어요. 이제 30분만 있으면 맛있게 익을 거야. 고슬고슬 잘 익은 구름밥이 완성됐어요. 전기밥솥 뚜껑을 열자마자 밥알이 두둥실 떠올랐어요."

내가 지어낸 《구름밥》이라는 이야기다. 잠이 들락 말락 하는 아이들에게 이 이야기를 해줬더니 아이들은 잠이 확 달아났다. "그거 아니야"라고 외치며, 반죽에 이스트와 소금, 설탕을 넣어야 구름빵이라고 난리가 났다. 다 같이 웃었다. 자기 전의 웃음은 행복감을 느끼게 해준다. 나의 피로도 아이들의 피로도 싹 날려버리는 강력한 웃음이었다.

3. 아이의 감정을 알아차릴 수 있게 해준다

아이가 어린이집이나 유치원, 학교에 가기 시작하면 독립된 시간을 갖게 된다. 선생님이나 아이가 말해주지 않으면 아이의 일상을 자세히 알기 어렵다. 첫째 아이가 유치원에 다닐 때였다. 첫째 아이에게 오늘은 유치원에서 무엇을 했는지, 재미있는 놀이를 했는지, 친구들과의 관계는 좋은지 물어봤다. 하지만 시시콜콜한 이야기를 들을 수가 없었다. 어떤 아이들은 점심 반찬으로 무엇이 나왔는지도 다 이야기해준다는데 우리 아들은 길게 물어도 단답형 대답만 돌아왔다. 그래서 슬쩍 그림책으로 대화를 시도했다. 《내 안에 공룡이 있어요!》라는 책을 읽으면서 혹시 주인공 악셀처럼 화가 나는 일은 없었는지 물었다.

"엄마, 나는 유치원에서 화나는 일은 없는데? 아 소울이 때문에 화난 적은 많아. 소울이가 내 걸 자기 거라고 할 때. 내 건 빌려가면서 나한테는 안 빌려줄 때."

유치원에서는 다행히 잘 지내고 있었다. 그런데 둘째로 인해 스트레스가 있었던 것 같았다. 둘째 아이가 돌이 좀 지난 시기까지 첫째 아이는 눈에 띄게 달라진 모습을 보이지는 않았다. 하지만 둘째 아이가 말을 제법 하게 되면서부터 첫째 아이는 자주 화를 냈다. 말 그대로 "화가 난다" 하면서 씩씩거리고 다닐 때도 있다. 혹시 동생에게 일방적으로 양보를 강요한 것은 아닌지 다시 생각하게 했다. 그 부분에 대해 좀 더 신경을 쓰며 육아를 하고 있다.

내가 텔레비전을 끄고 책을 읽기 시작하면서 아이들도 책과 함께 자라게 됐다. 책을 읽어주면서 아이의 감정을 읽고 일상을 나눈다. 아이들에게 따뜻한 엄마의 품을 느끼게 한다. 학습만을 위한 독서는 독서가 아니다. 내가 책을 읽으며 행복을 찾았듯 아이에게도 책은 행복과 연결돼 있었다. 책을 읽으며 아이를 안아주고 일상을 공유해보자. 아이와 나의 행복이 솟아날 것이다.

마음을 울리는
이야기를 만나다

✦

"엄마, 뭐 해? 책 안 읽어주고."

"어, 어 알았어. 미안. 엄마가 이 장면을 보고 좀 놀랐어."

"뭔데? 다음 장에 무슨 그림이 있는데?"

나는 아이에게 손탠 작가의 《매미》라는 그림책을 읽어주고 있었다. 나는 이 그림책에 대해 어떠한 정보도 없었다. 그냥 표지 그림에 끌려 도서관에서 빌려온 그림책이었는데 깊은 의미가 담겨 있는 책이었다.

17년 동안 단 하루도 쉬지 않고, 한 번의 실수도 없이 일만 한 매미가 있다. 매미는 헌신적으로 일을 했다. 하지만 매미는 건물 안에 있는 화장실을 쓸 수도 없었고 승진도 기대할 수 없었다. 단지 매미라는 이유만으로 차별을 당했다. 그렇게 일만 한 매미가 퇴직을 했다. 매미는 건물 옥상으로 올라갔다. 무엇을 하려고 올라간 것인지 순간 긴장이 됐다. 혹시나 안 좋은 이야기가 나오는 것은 아닌지 슬쩍 걱정까지 됐다. 다음 장으로 넘겼다. 매미 등이 갈라졌다. 거기서 빨간 매미가 나와 훨훨 날아갔다. 그리고 매미는 인간들을 생각하며 웃었다.

나는 아이에게 책을 읽어주고 있다는 사실을 잊어버릴 정도로 그림책의 그림과 이야기 속으로 빠져들었다. 빨간 매미가 날아가는 장면에서는 심장이 덜렁 내려앉았다. 강렬한 빨간색의 매미를 보고 그 그림이 의미하는 바를 온몸으로 느꼈다. 아이가 멈춰 있는 나를 보고 왜 그러냐고 물었다. 아이가 이해할 수 있도록 최대한 쉽게 설명했다. 《매미》는 어른을 위한 동화다. 나에게는 '그림책은 아이들의 책'이라는 고정관념을 깨준 책이었다.

매미가 책상에 앉아 톡톡톡 컴퓨터 자판을 두드리는 그림을 봤다. 매미는 회사 화장실을 쓰면 안 된다. 열두 번 길을 건너야 나오는 공중화장실에 다녀와서도 톡톡톡 열심히 일한다. 이 그림과 글을 보고 내 경험이 떠올랐다. 몇 년 전 나는 일 년 동안 계약직으로 근무한 적이 있었다. 그때 전임자에게 일주일 동안 인수인계를 받았다. 시간이 부족했던 탓인지 전임자는 중요한 몇 가지 일을 빠뜨리고 일을 그만뒀고 나는 회사에 적응할 틈도 없이 하루하루 업무 처리에 집중했다. 매미가 톡톡톡 키보드 자판을 계속 두드렸듯 쉴 틈 없이 키보드를 두드렸다. 일이 익숙해질 때까지 점심시간에도 쉬지 않고 일했다. 계약직으로 근무하면서 정규직과의 차이가 분명히 존재한다고 생각했다. 차별을 받는다고 생각하지는 않았지만, 열심히 일하더라도 업무상 할 수 있는 일에 한계가 있다는 것을 느꼈다. 계약직은 굳이 참석하지 않아도 되는 미팅, 해외 출장과 맡을 수 있는 역할의 한계 등이 《매미》를 보며 다시금 떠올랐다.

《매미》를 읽으며 받았던 충격과 놀라움은 어느새 내 경험을 떠올리게 했다. 아이들은 그림책을 보며 마음을 활짝 연다. 그리고 자신의 이야기를 술술 꺼내놓는다. 그처럼 나도 그림책을 보며 내 이야기를 떠올린다. 내 이야기를 꺼내놓으며 닫혔던 마음이 풀리는 경험도 한다.

나는 온라인 모임을 찾아 엄마들과 그림책 독서를 함께했다. 그림책을 보며 느낀 점을 공유하고 이야기를 나눴다. 육아서, 경제, 심리, 인문, 고전 등 여러 분야의 책 못지않게 그림책도 많은 인사이트를 주는 것을 알게 됐다. 질문을 통해 그림책을 좀 더 깊게 읽는 방법을 소개해본다.

그림책 읽는 법
① 그림책 내용 중 인상 깊은 장면을 정한다.
② 자신이 뽑은 장면이 인상 깊었던 이유를 생각해본다.
③ 그림책을 보며 떠오른 질문 세 가지를 뽑는다.

④ 세 가지 질문 중 한 가지에 대해 답을 해본다.

이렇게 질문하고 답하며 중요한 문제가 풀리는 경험을 하고 나면 그림책의 주체가 되어 읽을 수 있게 된다. 친정 엄마에게 두 아이의 육아를 맡기고 출퇴근을 할 때였다. 엄마와 나는 지칠 대로 지쳐 서로에게 서운함을 느끼고 있었다. 그때 그림책 모임을 통해 백희나 작가의 《이상한 엄마》라는 책을 알게 됐다.

호호 엄마는 워킹맘이다. 어느 날 호호 엄마는 호호가 열이 심해 학교에서 조퇴하고 집으로 갔다는 연락을 받았다. 엄마는 호호를 부탁하려고 여기저기 전화를 했지만 연결된 사람은 없었다. 그런데 이상한 잡음 속에 전화가 연결됐다. 호호 엄마는 친정 엄마라고 생각하고 호호를 부탁했다. 하지만 친정 엄마가 아니라 이상한 엄마였다. 마치 하늘의 선녀 같은 옷을 입은 이상한 엄마는 구름을 타고 내려왔다. 이상한 엄마는 달걀로 신비하고 마법 같은 달걀국, 달걀프라이, 안개비를 만들어 호호를 간호해줬다. 빗속을 뚫고 헐레벌떡 달려 들어온 호호 엄마는 호호를 보고 마음을 놓았다. 그리고 같이 구름 위에서 스르륵 잠이 든다. 이상한 엄마는 호호와 호호 엄마를 위해 엄청난 오므라이스를 차려놓고 하늘로 돌아갔다.

이상한 엄마는 친정 엄마와 닮았다. 엄마는 일하는 나 대신 아이를 지극 정성으로 돌봤다. 아이가 아플 때는 내가 신경 쓰지 않도록 아이를 데리고 병원에 갔다. 약을 먹이고 시시각 각 열이 얼마나 올랐는지 내렸는지 확인해서 나에게 연락을 주기도 했다. 엄마는 두 아이의 육아를 나 대신 짊어지고 딸인 나까지 챙겼다. 이상한 엄마가 엄청난 저녁밥을 차려준 것처 럼 친정 엄마도 나를 위해 김치볶음밥을 프라이팬 한가득 해 놓았던 적도 있다.

돌이켜보니 친정 엄마는 나에게 그림책 속의 이상한 엄마 같은 존재였다. 도움이 절실한 순간에 나 대신 따뜻하게 아이 를 돌봐주고 나에게 위로와 격려를 아끼지 않는 사람이었다. 그날 나는 스스로 반성하고 친정 엄마에 대한 서운한 감정을 거둬들였다.

나는 그림책을 통해 가슴을 울리는 이야기를 만난다. 잠 시 잊고 있던 중요한 감정을 깨우치기도 한다. 그림책의 강렬 한 그림과 이야기에 심장이 덜렁 내려앉기도 한다. 과거의 경 험을 떠올리기도 하고 현재에 대해 생각해보기도 한다. 일과 육아를 동시에 하다 보면 어떤 감정이 쓰나미처럼 몰아칠 때 가 있다. 지친 마음일 수도 있고, 화나는 마음일 수도 있다. 그 럴 때 아이의 그림책을 읽어보자. 마음을 울리는 이야기를 만 날 수 있을 것이다.

넘어져도 괜찮아,
삶은 경험이다

✳

어떤 일의 결과가 기대에 못 미칠 때가 있다. 그럴 때 할 수 있
는 위로는 "열심히 했으니까 괜찮다"다. 그런데 우리는 결과
가 중요한 세상에 살고 있다. 가끔은 위로의 말이 그다지 마음
에 와닿지 않을 때도 있다. 나보다 열심히 살지 않은 친구가 성
공하고 잘되는 것을 보며 질투하고 속이 상하기도 한다. 질투
심을 느끼는 스스로에게 실망하지만 한번 이런 생각에 빠지면
쉽사리 헤어 나오기 힘들다.

지금 나는 부정적인 생각에 내 시간을 빼앗겨서는 안 된
다는 것을 안다. 부정적인 생각을 계속하면 삶 자체가 부정적
으로 변한다. 삶이 무거운 짐이 돼버리는 것이다. 그래서 열심
히 했는데도 원하는 만큼 결과가 나오지 않았을 때 나에게 이
렇게 말한다.

"기대에 못 미치는 결과가 생긴 이유가 분명 있을 거야.

이 결과는 나중에 다른 기회로 작용할지도 몰라. 나는 배우기 위해 태어났고 이번 기회에 또 한 번 배운 거야."

이렇게 생각하다 보면 삶의 목적이 성공에서 경험으로 바뀐다. 내가 짊어지고 있던 무거운 짐을 내려놓고 지금 하는 일에 좀 더 집중하게 된다. 이런 사고방식은 육아에도 긍정적으로 작용한다. 삶의 목적을 경험으로 두면 아이에게도 너그러워질 수 있다.

아이가 한창 두발자전거 타기를 배울 때였다.

"엄마, 아빠, 못 하겠어."

"그래? 못 하겠으면 네발자전거 좀 더 타다가 두발자전거로 넘어가자."

"안 돼, 싫어. 다시 해볼 거야!"

첫째 아이는 여섯 살 생일 즈음에 네발자전거를 선물로 받았다. 같은 아파트에 사는 가장 친한 친구와 네발자전거를 타고 동네를 누비고 다녔다. 그러다 일곱 살이 되면서 그 친구가 먼저 보조 바퀴를 떼고 두발자전거를 타기 시작했다. 친하게 놀던 한 살 많은 형도 보조 바퀴를 뗐다. 그래서인지 자기도 보조 바퀴를 떼고 싶다고 했다. 우리는 아이가 아직 다리 길이나 힘이 못 따라갈 것 같아서 조금 더 있다가 두발자전거를 타보자고 했다. 하지만 아이는 두발자전거를 꼭 타고 싶어 했다.

어쩔 수 없이 자전거를 샀던 동네 가게에 가서 보조 바퀴를 뗐지만 바로 탈 수는 없었다. 연습이 필요했다. 남편이 자전거를 끌고, 나는 둘째의 유모차를 끌고 자전거 연습을 할 수 있는 곳으로 갔다. 처음부터 난관이었다. 아이는 핸들 중심을 잘 잡지 못했다. 페달도 제대로 밟지 못했다. 남편이 뒤에서 밀어주고 앞에서 끌어줘야 간신히 움직였다. 그 뒤로 며칠 더 연습했지만 실패였다. 아이가 보조 바퀴를 다시 붙여달라고 했다. 다시 두발자전거와 둘째가 탄 유모차를 끌고 가게로 갔다. 가게 사장님께 상황을 말하고 보조 바퀴를 다시 달았다. 그 뒤로도 두 번 더 자전거와 유모차를 끌고 보조 바퀴를 붙였다 뗐다 하러 다녔다. 세 번을 그렇게 하고 나니 '나중에 다 타게 되니까 제발 지금은 네발자전거만 탔으면' 싶었다.

　가끔 주말이면 어린이 도서관에 가서 책을 잔뜩 빌려온다. 아이에게 책을 고를 수 있는 선택권을 주는데, 어느 날 아이가 《두발자전거 배우기》라는 그림책을 골랐다. 딱 우리 아이의 이야기였다. 집에 돌아와서 아이가 제일 먼저 그 책을 읽어달라고 했다. 책의 내용은 주인공 병관이의 두발자전거 배우기였다. 단짝인 친구가 이제 보조 바퀴를 떼고 두발자전거를 탄다며 병관이에게 자랑했다. 병관이는 아빠에게 보조 바퀴를 떼어달라고 했다. 그리고 토요일에 한강으로 두발자전거 타기 연습을 하러 갔다. 병관이는 실패를 거듭하다가 결국 두발자전거 타기에 성공하게 된다. 가족의 사랑을 느꼈던 병관이의 두발자전거 타기 경험은 실패냐 성공이냐를 떠나 즐거운 기억으로 남을 것이다.

첫째 아이는 책의 내용을 집중해서 들었다. 익살스러운 그림도 재미있고 무엇보다도 내용에 공감했다. 아이는 무엇을 느꼈을까? 아이는 이미 두발자전거를 타겠다는 의지가 넘쳤다. 병관이를 보며 '나만 그런 것이 아니구나, 넘어지고 또 넘어져도 연습하면 되는구나'라고 생각하는 것 같았다. 엄마인 나의 인내만이 필요했다.

그 뒤로 도서관에 책을 반납할 때까지 아이는 매일 그 그림책을 읽었다. 아이는 내가 퇴근한 이후, 저녁이 돼서야 자전거 연습을 할 수 있었다. 집에 와서도 둘째를 친정 엄마에게 또 맡기기가 죄송스러워서 두 아이와 함께 밖으로 나갔다. 첫째 아이가 자전거를 끌고, 나는 둘째의 유모차를 끌었다. 첫째 아이 자전거를 잡아주며 따라 다니다 보니 유모차에 탄 둘째는 어느새 저 멀리에 있었다. 둘째 때문에 연습은 오래 할 수가 없었다. 혼자서 둘째 아이를 챙기며 자전거 연습을 시키는 것은 무리였다. 연습을 더 해도 두발자전거 타기는 실패로 끝났다. 그 뒤 한동안 자전거는 집 앞에 병풍처럼 세워져 있었다. 아이는 실패했지만 우리는 자전거를 배우는 아이의 경험에 집중했다. 내가 해줄 수 있는 것은 따뜻한 응원이었고 아이는 가족의 응원을 느꼈을 것이다. 한참이 지난 어느 봄, 아이가 다시 두발자전거를 타겠다고 했다. 아빠와 둘이 나가더니 동영상 하나가 도착했다. 두발자전거 타기에 성공한 동영상이었다. 별것 아니지만, 감동해 눈물이 날 지경이었다.

나는 새로운 일을 시작하면 긴장을 하는 성격이다. 잘해야지, 성공해야지, 멋지게 보여야지 하는 마음이 크기 때문이다. 이런 마음은 긴장도를 높이고 사람을 부자연스럽게 만든다. 하지만 경험에 집중하며 지금 하는 일에 주의를 기울이다 보면 성공은 자연스럽게 따라온다. 이제 나는 남들에게 멋진 모습을 보여줘야겠다는 마음을 버렸다. 그러니 삶이 훨씬 편안해지는 것 같다.

아이가 커갈수록 여러 가지 경험을 하게 된다. 아이 능력이 자라나면서 처음 하는 것도 많이 생긴다. 부모인 나도 처음 하는 것이 많아진다. 엄마가 되고 난 후 직장 생활은 그전과는 다른 처음이 있다. 늘 하던 일도 기대만큼 안 되기도 한다. 그럴 때는 성공이냐 실패냐에 집중하기보다 경험에 집중해야 한다. 나의 경험에 집중하다 보면 내가 하는 일에 대해 긴장보다 기쁨, 편안함, 유쾌함을 느낄 것이다.

엄마는 회사에서
내 생각해요?

✳

"세상이 아무리 좋아졌다고 해도 일을 병행하는 건 쉽지 않아. 워킹맘은 늘 죄인이지. 회사에서도 죄인, 어른들께도 죄인, 애들은 더 말할 것도 없고, 남편이 봐주지 않으면 불가능한 일이야."

tvN 〈미생〉 5화, 선 차장이 안영이에게 조언하는 장면 중에서

2014년 tvN 드라마 〈미생〉에서 나온 대사다. 2021년인 지금도 나는 이 대사에 공감한다. 워킹맘인 선 차장이 느꼈던 감정을 고스란히 내가 겪었기 때문이다. 선 차장에게는 딸 소미가 있다. 바쁜 엄마의 빈자리 때문인지 소미의 그림에는 엄마의 얼굴이 없다. 그래서 더 서글프다. 행복하려고 열심히 사는데도 되려 피해를 보고 있다는 선 차장의 말이 안타까웠다. 몇 년 전인 그때나 지금이나 워킹맘의 현실은 크게 나아지지

않았나 보다. 일에 치여 아이와 함께할 시간이 없었던 선 차장은 딸보다 일을 우선에 두지 않겠다고 다짐한다. 이 장면은 몇 번을 봐도 찡하다. 그렇다고 그동안 선 차장이 딸보다 일을 우선에 뒀을까? 아니었을 것이다. 만약에 그랬다 한들 상황이 어쩔 수 없었을 것이다.

나는 일하는 중간중간에 아이 생각을 한다. '오늘 비가 오는데 학교에는 잘 도착했을까?' '아침에 콧물이 조금 나던데 혹시 어디가 아픈 것은 아닐까?' '친구들하고는 잘 지내겠지?'라고 불쑥불쑥 생각이 난다. 그 질문을 모았다가 퇴근 후 아이에게 물어본다.

"누리야, 오늘 유치원에서 뭐 했어? 점심밥은 다 먹었어? 누리 좋아하는 떡볶이 나왔던데. 오늘은 어떤 친구들이랑 놀았어?"

어느 날 아이는 반대로 나에게 같은 질문을 했다.

"엄마, 오늘은 출근할 때 뭐 타고 갔어? 엄마 친구는 누구누구 있어? 밥은 어디서 먹어? 오늘 미팅했던 사람 이름 말해 봐."

"어, 엄마는 오늘 기차 타고 출근했지. 기차 안에서 쿨쿨 잤어. 엄마 친구 이름은 강○○, 권○○, 조○○, 최○○, 이○○이고, 밥은 회사 안에 식당이 있어서 거기서 먹었어. 반찬이 네 가지인데 오늘 엄마가 좋아하는 돼지고기수육이 나왔어. 오늘 미팅했던 사람은 에일린이야. 중국 사람이야."

"엄마 회사 책상에 내 사진 있어? 아빠는 있던데?"

"어, 엄마도 누리랑 우리 가족 사진 책상에 올려뒀어."

"내가 색종이로 블레이드 접은 거 줄게. 책상에 놔둬. 대신 다른 사람은 절대 주지 마. 아, 아니다. 오늘만 가져가고 다시 가져와."

"어, 알았어. 하하."

아이의 질문을 받고 나니 엄마의 출근 후 일상도 알려줘야겠다고 생각했다. 일하느라 바쁜 와중에도 틈틈이 너희들을 생각한다는 것을 알려주고 싶었다. 그리고 너희들을 제일 우선에 두고 있다는 것을 표현하고 싶었다. 선 차장처럼 마음 찡한 일은 없었으면 했다.

《엄마는 회사에서 내 생각해?》라는 그림책을 본 순간 깜짝 놀라 혹시 나를 따라다니는 CCTV가 있나 싶었다. 내 일상이 그림책 속에 있었기 때문이었다. 《엄마는 회사에서 내 생각해?》는 일하는 엄마와 딸 은비의 이야기다. 월요일 아침 아이를 유치원에 데려다주고 출근하려면 마음이 급해진다. 꼬물거리는 아이에게 빨리빨리 하라고 말하다가 결국 엄마는 화를 낸다. 아이를 보내고 바쁘게 뛰어 겨우겨우 지하철을 타고 출근한다. 은비에게 제대로 인사하지 못한 것이 이내 마음에 걸린다. 반면에 은비는 유치원에서 아직 오지 않은 아이들을 기다리며 허전한 교실에 있다. 아이가 밥을 먹으면 엄마도 밥을 먹는다. 엄마가 슬픈 일이 있으면 아이도 슬픈 일이 있다. 이 그림책은 엄마의 일상과 아이의 하루를 대조하며 보여준다. 한 페이지는 엄마, 다른 한 페이지는 아이 이야기다.

책 앞장에 '워킹맘 눈물 주의'라고 스티커라도 붙여야 하는 거 아닌가 싶을 정도로 뭉클하다. 하는 일은 달라도 아이를 걱정하고 사랑하는 마음은 모든 엄마가 똑같다는 작가의 말도 눈물짓게 한다. 이 책의 의도는 책을 읽으며 서로의 사랑을 확인하는 시간을 가지라는 게 아닐까? 엄마인 나는 어디에서 무엇을 하더라도 아이들을 생각한다. 은비 엄마처럼 맛있는 음식을 먹으면 아이들이 떠오른다. 부족한 요리 솜씨지만 주말에 해줘야겠다고 생각한다. 유모차를 끌고 가는 아이 엄마를 보면 아이들의 어린 시절이 떠오른다.

"엄마, 회사에서 오늘 뭐 했어?" 첫째의 질문에 동생이 듣지 못하는 소리로 "어, 누리 생각했지"라고 대답했다. 첫째가 잠들고 난 후, 첫째 따라쟁이인 둘째 소울이가 같은 질문을 했다. "엄마는 회사에서 뭐 했어?" "어, 소울이 생각했지"라고 말했다. 아이는 아주 만족스러운 대답을 들은 것 같은 표정이었다.

어느 글이 떠오른다. 한 아들이 성장해 어린 시절 속 매일 출근하는 엄마를 기억한다. 엄마는 항상 씩씩한 목소리로 "오늘도 도깨비 잡고 올게"라고 말했다고 한다. 엄마가 그렇게 말할 때마다 아들은 엄마가 신비로워 보였다. 씩씩하고 밝게 말했으니 엄마의 모습도 긍정적으로 비쳤을 것이다. 사회생활은 만만찮다. 그 엄마는 도깨비 같은 일, 도깨비 같은 사람을 잡고 오는 것일 수도 있다. 나도 어느 날은 살벌한 분위기 속에서 눈치 보며 일하기도 한다. 억울한 일을 당할 때도 있다. 도깨비방망이라도 있으면 뚝딱하고 혼쭐내고 싶기도 하다. 그런 일이 있어도 엄마라는 이유로 일하는 중간중간 아이들이 떠오른다. 태권도 학원은 잘 갔는지 어린이집 선생님이랑 뭐 하면서 남은 시간을 보내고 있는지 궁금하다.

이런 마음을 아이들은 모를 것이다. 사실《엄마는 회사에서 내 생각해?》를 읽어주더라도 아이들은 별다른 감흥이 없다. 마음이 찡해지는 것은 엄마인 나뿐이다. 그래도 내가 계속 그림책을 읽어주는 이유는 작가의 의도처럼 서로의 사랑을 확인하는 시간이 되기 때문이다. 밤에 잠들기 전 이 책을 읽던 첫째 아이가 묻는다.

"엄마 오늘은 뭐 타고 출근했어? KTX 타고 출근했어?"

"엄마는 무궁화호 타고 가는데?"

"그럼, 기차 안에서는 뭐 했어?"

"어, 책 읽다가 누리가 커서 보라고 일기 썼어."

"알았어, 나중에 꼭 보여줘."

둘째 아이에게 같은 책을 읽어줄 때다.

"엄마, 내가 편지 써 줄게."

그러고는 둘째 아이가 색종이를 꾸깃꾸깃 접는다. 둘째 아이는 네 살이라 첫째 아이처럼 색종이를 잘 접지 못한다. 네 모난 색종이를 들고 모퉁이를 몇 번 접더니 칭찬 스티커를 하나 떼어서 붙인다. '최고예요'라고 적혀 있는 개구리 모양의 스티커다. 가운데 딱 붙이더니 한 번 더 접는다. 그러고는 안방에 있는 내 가방에 넣어둔다.

"엄마, 내가 편지 썼으니까 회사 가서 읽어."

"고마워, 엄마가 회사 가서 읽을게."

회사 서랍에는 그렇게 접혀 있는 색종이가 여러 개 있다. 아이의 성의가 너무 예뻐서 버릴 수가 없다. 코팅해서 잘 보관해야지 싶어 모아두고 있다. 앞서 이야기한 드라마 〈미생〉에서 선 차장 딸이 그린 그림에는 엄마의 얼굴이 없었다. 극단적인 표현일 수도 있겠지만 워킹맘이라면 누구나 비슷한 상황이 일어날 수 있다. 나도 코로나19 발생 전, 일주일씩 해외 출장을 갔다가 돌아오면 한동안 아이를 보지 못했다.

나는 아이가 잠든 새벽에 출근한다. 아이가 저녁에 일찍 자면 아이는 하루 동안 내 얼굴을 보지 못한다. 다음 날 야근이라도 하면 아이는 이틀 동안 엄마 얼굴을 못 보게 된다. 사랑의 표현이 절실하다. 엄마가 일한다고 밖에 나가 있지만, 너희들을 항상 생각한다고 표현해야 한다.《엄마는 회사에서 내 생각해?》가 워킹맘과 아이의 일상을 자연스럽게 표현하게 해 줬다. 책을 읽으며 나와 아이의 사랑을 확인하는 시간을 갖게 했다. 아이들에게 꼭 이야기해주고 싶다. "엄마는 회사에서 네 생각을 한단다. 그것도 아주 많이."

"가장 훌륭한 사랑의 행위는
관심을 표하는 것이다."

마이클 J 앨런

펼치면
육아 도우미

✳

"그림책 하나에 아이와의 추억과 그림책 하나에 아이에 대한 사랑과 그림책 하나에 독박 육아의 쓸쓸함과 그림책 하나에 완벽한 엄마에 대한 동경과 그림책 하나에 어머니, 어머니."

가끔 아이에게 그림책을 읽어주다가 잠시 생각에 빠져 멈출 때가 있다. 정신을 차리면 아이의 목소리가 들린다. "엄마, 책 계속 읽어주세요." 나는 그림책을 읽으며 아이와의 추억을 떠올린다. 아이를 사랑하는 내 모습을 보기도 하고, 육아 현실을 깨닫기도 한다. 앞으로는 좀 더 아이들에게 다정하게 대해야겠다는 다짐도 한다. 그런 생각이 들면 그림책의 이야기는 온전히 내 것이 된다.

육아는 누군가가 함께해주면 좋다. 힘도 덜 들고 정신적으로 의지도 된다. 지금 베이비시터와 부모님의 도움 없이 독박 육아를 해보니 더 그런 마음이 든다. 지금 내 육아를 도와주는 것은 바로 그림책이다. 아이는 그림책에서 본 상황을 간접 체험한다. 그림책에서 보여주는 올바른 가치관을 반복적으로 받아들인다. 옳고 그름을 판단하고 나에게 먼저 이야기해주기도 한다. 아이는 상상력이 뛰어난 그림을 보며 재미를 느끼고 공감한다. 때로는 바쁘다는 이유로 아이에게 전하지 못하는 이야기를 그림책이 대신 이야기해준다. 그림책은 부모처럼 나와 아이들을 품어주고 이해해주며, 공감해준다. 어느 날은 친구처럼 웃게 해준다. 나의 육아를 도와주는 것은 그림책이다.

《엄마가 화났다》《No David》《밥 먹기 싫어》이 세 가지 그림책의 공통점이 있다. 모두 부모가 허리춤에 두 손을 올리고 아이에게 화내고 있는 그림이 있다는 것이다. 세 가지 그림책 작가의 국적은 각각 한국, 미국, 프랑스다. 그림 속의 부모들은 아이에게 잠시 화를 냈다가 사랑이 많은 부모로 돌아온다. 내 모습과 닮았다. 나만 그런 것이 아니라 한국, 미국, 프랑스 부모들도 다 그렇다는 사실에 많은 위로를 받았다.

어느 날 아이가 귤을 까달라고 했다. 보통은 아이들이 직접 귤을 까먹게 한다. 그날은 두 아이 모두 집중해서 책을 보고 있길래 대견해서 귤을 까주기로 했다. 첫째 아이는 알맹이가 큰 귤을 좋아하고, 둘째 아이는 알맹이가 작은 귤을 좋아한다. 나는 아이의 취향에 맞게 접시에 담아 줬다. 그런데 둘째 아이는 알맹이가 작은 귤을 두꺼운 유아용 포크로 찍어 먹겠다고 몇 번이나 시도했다. 아이는 잘 되지 않으니 계속 짜증을 냈다. 아이의 짜증에 날카로워진 내가 결국 한마디를 던졌다.

"소울아, 귤을 포크로 찍어 먹는 사람이 어딨니!"

첫째 아이는 둘째 아이 바로 앞에 앉아 있었다. 첫째 아이가 키득키득 웃기 시작했다. 그러고는 첫째 아이가 "여기 있는데"라고 말했다. 알고 보니 첫째 아이는 어른용 얇은 포크로 두꺼운 귤을 잘도 찍어 먹고 있었다. 둘째 아이는 오빠를 따라 하고 싶었던 것이었다. 나는 그 상황에 웃음이 터졌다. 웃음과 함께 아이의 짜증에 날카롭게 쏘아붙이던 엄마는 사라졌다. 나는 온화한 엄마가 됐다. 그림책에 담긴 부모들의 모습이 생각났다. "왜 그 얇고 작은 귤을 손으로 먹지 않고 포크로 어렵게 찍어 먹으며 짜증을 내는 거니?" 한국 엄마, 미국 엄마, 프랑스 엄마도 분명 나처럼 생각했으리라.

상상 속의 이야기이지만 현실이 반영된 그림책은 지식을 채우기 위해서만 읽는 것이 아니다. 나는 그림책 속 주인공의 상황에 공감하고 내 마음을 알게 되면서 육아 스트레스를 잠재운다. 좀 더 수월한 육아, 너그러운 육아를 할 수 있다.

"엄마, 나는 제일 먼저 도넛을 먹고 주스 가게에 갈 거야. 오렌지주스 한잔을 마시고 다음에 엄마가 필요한 조리기구를 사러 가자."

아이는《바무와 게로 오늘은 시장 보러 가는 날》이라는 책을 읽고 있었다. 바무와 게로 두 친구의 우정을 느낄 수 있는 아기자기하고 귀여운 그림책이다. 생생한 시장 풍경을 아기자기하게 표현해서 천천히 그림을 살펴보는 재미가 있다. 아이는 어느 페이지에서 한참을 멈춰 그림을 보고 있었다. 그리고 시장에 가면 무엇을 하겠다며 계획을 이야기했다. 아이는 그림을 가리키며 엄마는 시장에 가면 뭘 사고 싶냐고 물었다. 실제로 조리기구를 바꿀 때가 됐는데 마침 그림책에 조리기구 그림이 있었다. 나는 조리기구가 사고 싶다고 말했다. 아이와 그림을 보며 한참을 이야기했다.

그림책을 읽다 보니 내 모습이 떠오른다. 시장 가는 날이라고 아침 일찍 일어나 설레는 마음으로 시장 갈 준비를 하는 게로가 우리 아이처럼 느껴졌다. "오늘은 마트 말고, 시장 가자" 하면 두 아이는 "야호" 하며 물떡을 사 먹을 생각부터 한다. 어릴 때 내가 그랬듯이 말이다. 그런데 내 머릿속은 바무와 게로의 시장 풍경처럼 따스하진 않다. 두 아이를 어떻게 끌고 다닐지 피곤이 올라오기 때문이다. 혹시나 뭔가가 불편해서 징징거리지나 않을까 초조하고 성급한 마음부터 들었다.

과거의 경험을 끌어다가 미래를 걱정하느라 지금을 즐기지 못할 때가 있다. 그림책을 읽으며 종종 그러한 깨달음을 얻

는다. 다음에는 바무와 게로처럼 여유 있는 마음으로 시장에
가야겠다는 생각이 들었다. 시장에서만 파는 특별하고 귀여
운 물건도 찾아보고 맛있는 음식도 즐겨야겠다고 생각했다.
초조하고 성급한 마음은 내려놓고 아이들과 함께하는 그 시
간 자체를 즐기자고 다짐했다.

어린이집 가기 전
그림책으로 예행연습하기

✳

어린이집 적응 기간이 되면 많은 아이가 눈물 콧물을 흘리며 떼를 쓴다. 엄마가 보고 싶기도 하고 집에 가고 싶어서다. 아이는 자신이 왜 낯선 어린이집에 있어야 하는지 이유도 모를 것이다. 첫째 아이는 지금은 학교를 잘 다니고 있지만, 어린이집 등원을 거부한 시기가 있었다. 친정 엄마가 첫째 아이를 등원시킬 때, 어린이집 등원을 거부하며 아파트 로비에서 심하게 울었던 적이 있다. 그 모습이 얼마나 인상 깊었던지 그 모습을 본 아파트 미화 담당 직원분은 몇 년이 지난 지금도 나에게 그때 이야기를 한다.

이제는 둘째 아이 차례다. 첫째 아이 때와 달리 나의 육아 환경은 많이 달라졌다. 내가 아이 둘을 모두 등원, 등교를 시키고 출근해야 하는 상황이다. 이 상황을 회사에 알리고 한 시간 늦게 출근하고 있다. 그런데 지각이라도 한다면 회사에 면

목이 없다. 나에게 둘째 아이의 등원 거부는 있어서는 안 되는 일이었다. '어떻게 하면 아이가 어린이집에 잘 적응할 수 있을까?' 고민하다 그림책을 하나 찾았다. 어린이집 적응을 좀 더 수월하게 해준 그림책으로 바로《공룡유치원》이다.

《공룡유치원》1권은 〈처음 유치원에 가는 날〉이다. 알로가 처음으로 유치원에 간 날, 두려운 마음에 엄마에게 같이 있어달라고 한다. 처음 본 선생님이 낯설고 아는 친구도 없다. 알로는 엄마 뒤에 숨어버렸다. 그런데 엄마는 유치원에 알로만 놔두고 가버렸다. 알로는 엄마 놀이를 하는 친구들을 보고 엄마 생각이 나서 울다가 선생님의 도움으로 아기 인형에게 그림책을 읽어주며 마음을 달랜다. 그런데 다른 친구가 운다. 그 친구도 엄마가 보고 싶다고 한다. 알로는 친구와 모래놀이, 소꿉놀이 등을 하며 놀았고, 그 사이 엄마 아빠가 유치원에 와서 기다리고 있었다. 나는 알로의 이야기를 읽어주며 둘째 아이에게 설명했다.

"어린이집에 가면 알로처럼 엄마가 보고 싶을 수도 있어. 그럴 때는 소울이가 '엄마' 하고 불러. 엄마가 회사에서 '소울아' 하고 대답할게."

그림책을 읽어주며 알로처럼 우는 척도 해보고, 엄마라고 불러도 봤다. 어린이집에는 《공룡유치원》에서 본 것처럼 장난감도 많다고 이야기해줬다. 소꿉놀이, 모래놀이를 함께할 친구들도 있다고 알려줬다. "소울이는 어린이집에 가서 엄마 보고 싶으면 어떻게 할 거야?"라고 물어봤다. 아이는 애착 인형인 아기 인형을 만질 거라고 대답했다. 어린이집 입소가 확정되고 입학 한 달 전부터 《공룡유치원》을 읽어줬다. 아이는 예상보다 이 책을 더 좋아했다.

아이가 어린이집 등원을 시작하고 첫 일주일 동안 적응 훈련을 했다. 일주일 중 이틀은 나와 같이 어린이집에 있었다. 나머지 3일은 점차 시간을 늘려가며 엄마와 떨어지는 연습을 했다. 아이는 예상대로 떨어지지 않으려고 발버둥을 쳤다. 하지만 적응 훈련이 끝난 뒤, 혼자 등원을 시작할 때는 "나는 울지 않고 어린이집에 갈 거야"라고 말했다. 나는 《공룡유치원》 전집을 아이와 함께 보면서 어린이집에서 생길 수 있는 일에 대해 계속 설명했다. 아이는 첫 3일을 제외하고는 생각보다 잘 적응하면서 어린이집을 다녔다. 나는 알로만큼 소울이의 용기도 대단하다고 박수를 치며 칭찬해줬다.

아이가 어린이집에 적응을 잘하면 출근하는 엄마는 좀 더 마음이 편하다. 아침에 급히 출근해야 하는데, 아이가 어린이집에 가기 싫다고 울면 내 마음은 온종일 먹구름이다. 우는 아이를 억지로 어린이집에 보내고 뒤돌아서 출근하면 내가 이렇게 돈을 벌어야 하나 싶은 생각도 든다. 잘 놀고 있는지 선생님께 계속 연락할 수도 없고 온종일 마음이 쓰인다. 울고 불며 안 가겠다는 아이를 등 떠밀며 어린이집에 보내고 출근하고 싶지 않았다. 엄마는 가야 하는데 네가 안 간다고 하면 어떡하냐고 아침부터 화내고 싶지도 않았다. 모두가 즐거운 아침을 맞이하고 싶었다. 그래서 아이에게 그림책을 읽어줬고 어린이집 적응에 도움을 받았다.

"소울아, 알로처럼 어린이집에 가는 게 두려울 수도 있어. 엄마가 보고 싶을 수도 있단다. 어린이집에서 즐겁게 지내고 엄마를 만나서 또 즐겁게 놀자. 소울이 만나러 달려갈게."

엄마의 퇴근은
혈레벌떡, 성큼성큼, 쿵쾅쿵쾅

✳

"퇴근 중이야?"

"어, 아이고 숨차다. 지금 뛰어가고 있어."

"왜?"

"베이비시터 이모님 퇴근해야 하는데 집에 15분 늦게 도착할 것 같아서."

"어, 알았어. 그럼 내일 통화하자. 조심해서 들어가"

"어, 내가 내일 전화할게."

퇴근길, 친구가 전화를 했다. 나는 뛰어가는 중에 전화를 받았다. 그날따라 차가 많이 막혔다. 나는 환승역에서 갈아탈 차를 놓쳤다. 평소 집에 도착하는 시간보다 15분 늦게 도착할 것 같았다. 내가 늦으면 베이비시터 이모님도 늦게 퇴근해야 한다. 나는 숨이 차도록 열심히 뛰었다.

워킹맘이 일찍 퇴근해야 할 이유는 많다. 친정 엄마가 아이들을 봐줄 때다. 두 아이 모두 있는 저녁 시간에는 친정 엄마도 체력적으로 힘들었다. 엄마에게 육아 부담을 조금이라도 덜어주려면 집에 늦지 않게 도착해야 했다. 베이비시터에게 아이들을 맡길 때는 베이비시터의 퇴근 시간을 맞춰야 했다. 그분들도 한 가정의 엄마이자 아내였다. 제때 집에 돌아가서 쉬어야 했다. 지금은 둘째 아이를 늦게까지 어린이집에 맡긴다. 이제는 나의 퇴근이 늦어지면 어린이집 선생님의 퇴근이 늦어진다. 선생님도 워킹맘이다. 선생님의 아이들이 엄마의 퇴근을 기다리고 있을지도 모를 일이다.

무엇보다 아이들이 엄마가 빨리 오기를 기다린다. 정시 퇴근을 해서 집에 오면 아무리 빨라도 8시다. 8시부터 잠들기 전까지 아이들을 씻기고, 먹이고, 놀아준다. 아이들과 함께하는 시간을 더 확보하려면 일찍 집에 도착해야 한다. 평소보다 늦게 도착하면 아이들과 놀아주는 시간이 줄어든다. 그러면 마음이 조급해져서 아이들에게 빨리빨리 하라고 재촉하게 된다. 숙제도 빨리, 목욕도 꿈틀대지 말고 빨리, 밥도 빨리 먹자고 말하는 내 모습이 보인다.

퇴근길 교통 상황과 환승 시간에 따라 뛰어야 하는 상황이 생긴다. 그래서 퇴근길에는 어떤 신발을 신느냐도 중요하다. 굽이 높은 신발은 달리기에 불편하다. 발도 아프다. 굽이 낮은 단화나 운동화가 달리기에 딱 좋다. 신발에 맞춰 옷차림도 달라진다. 운동화를 신고 하늘거리는 원피스를 입을 수는 없다. 그러다 보니 퇴근길 신발에 맞게 옷차림도 편해진다. 청바지에 티셔츠 또는 면바지에 티셔츠. 가끔 운동화에 검정 슬랙스 바지를 입고 세미 정장을 입는다. 그 복장으로도 퇴근이 늦을 것 같으면 뛴다. 숨이 차도록 헐레벌떡 뛴다.

어느 주말 낮에 둘째 아이가 그림책 한 권을 찾아왔다. 첫째 아이가 세 살 때 지인이 선물한 책이었다. 첫째 아이는 그 그림책에 관심이 없었다. 그래서 책장 한편에 꽂아만 뒀던 책이었다. 둘째 아이가 그 책을 "읽어주세요" 하며 꺼내 왔다. 《나도 갈래요》라는 그림책이었다.

《나도 갈래요》에는 주인공들의 걸음걸이가 묘사돼 있다. 카우보이는 성큼성큼 걷는다. 걸을 때 보폭이 아주 넓다. 금방이라도 목적지에 도착할 것 같다. 공주님은 예쁜 드레스를 입고 사뿐사뿐 걸어간다. 하지만 공주님의 표정은 급해 보인다. 왕자님은 당황한 표정을 하며 후다닥 간다. 아빠도 허겁지겁 가고 있다. 엄마는 손에 종이를 들고 헐레벌떡 간다. 인디언은 모자의 장식이 날아가는 것도 모른 채 쿵쾅쿵쾅 간다.

어디를 그렇게 바쁘게 가는 걸까? 바로 화장실이다. 마지막에 한 아이가 나온다. 그림책에 나오는 주인공들을 따라 아이도 화장실로 간다. 아이는 기저귀를 벗고 변기에 앉아 행복한 표정을 짓고 있다. 《나도 갈래요》는 아이의 배변 훈련을 도와주는 그림책이다. 둘째 아이는 《나도 갈래요》가 재미있었던 것 같다. 그 뒤로도 계속 읽어달라고 했다. 수십 번을 반복해서 읽어줬다. 아이는 변기에서 볼일을 보는 아이의 모습에는 별다른 관심이 없었다. 카우보이, 엄마, 아빠, 공주님, 왕자님, 인디언이 급히 어디론가 가는 모습에 관심이 있었다. 아이는 의태어를 따라 해보는 것도 재미있어했다.

"엄마, 언제 집에 와?"

"엄마는 6시에 마쳐. 일 마치자마자 빨리 갈게."

"어, 엄마 성큼성큼 와."

"아하하, 그래, 성큼성큼 갈게."

"아, 엄마 헐레벌떡 와."

"그래, 성큼성큼, 헐레벌떡 갈게."

새로 바뀐 베이비시터에게 둘째 아이를 맡긴 첫날이었다. 베이비시터가 갑자기 바뀌고 난 후 적응 기간 없이 급히 아이를 맡겼던 터라, 아이가 적응을 잘하려나 걱정이 됐다. 회사에서도 온종일 마음이 쓰였다. 아이와 점심시간에 전화 통화를 했다. 아이가 《나도 갈래요》에서 보고 들었던 의태어를 이용해 말했다. "엄마 빨리 와"라고 말하는 대신에 성큼성큼, 헐레벌떡 오라고 했다.

나는 아이들에게 엄마의 퇴근길을 어떻게 설명해줘야 할지 몰랐다. 아니 설명을 하지 않았다. 단지 "빨리 갈게"라는 말만 하고 있었다. 빨리라는 단어는 아이들을 만나러 가는 애타는 마음을 설명하기에는 무엇인가 부족했다. 그런데 아이가 나의 상황을 말로 표현해줬다.

이 그림책과 의태어를 통해 내 하루를 돌아봤다. 집에서는 정신없이 육아하다가 출근을 한다. 회사에 출근해서 중요한 일을 속도감 있게 처리하다 보면 가슴이 쿵쾅쿵쾅 뛴다. 퇴근 시간까지 마쳐야 하기 때문이다. 대중교통을 이용하기에 몇 분이라도 회사에서 늦게 퇴근하면 타야 할 차를 놓친다. 미팅이나 급한 업무로 퇴근 시간이 지체될 때가 있다. 그럴 때는 마치자마자 노트북을 접고 뛰어나간다. 나는 헐레벌떡 움직인다. 그림책에서 본 마녀처럼 요술 빗자루라도 있었으면 좋겠다. 빗자루를 타고 씽씽 날아가고 싶다. 카우보이와 인디언처럼 긴 다리를 가졌으면 좋겠다. 성큼성큼, 쿵쾅쿵쾅 왠지 한 걸음 한 걸음이 더 빠를 것 같다.

둘째 아이가 다니는 어린이집에는 늦게까지 있는 아이들이 없다. 우리 딸 한 명밖에 없다. 첫째 아이는 학교 돌봄교실에 최대한 오랫동안 있다가 태권도 학원에 간다. 그렇게 해도 태권도 학원에서 세 시간을 있어야 한다. 그런 날에는 집에 오면 배가 많이 고프다고 한다. 가방에 챙겨준 간식, 돌봄교실에서 주는 간식을 먹어도 활동적인 아이라 배가 고픈 것 같았다. 이런 상황에서 내가 늦으면 아이들이 더 늦게까지 밖에 있어야 한다. 그래서 늦지 않도록 급하게 움직인다. 《나도 갈래요》의 주인공이 뛰어갔던 곳은 화장실이었다. 아마도 워킹맘은 화장실에 가는 것보다 더 조마조마한 심정으로 퇴근길에 달리지 않을까 싶다.

어느 순간 가슴이 쿵쾅쿵쾅 뛰고, 어떨 때 헐레벌떡 달리고 있는지, 나의 하루가 어떤지 한번 들여다보자. 엄마를 기다리고 있는 아이들이 있기에 달라질 것은 없겠지만 이것을 아는 것만으로도 위로가 됐다. 아이들에게 엄마의 마음을 생동감 있게 표현해보자. 퇴근길을 서두르는 엄마의 마음을 아이가 알아주면 고마운 마음이 든다.

"오늘은 엄마가 어린이집에 데리러 가는 날이야. 이런 날은 친구들이 먼저 집으로 가지? 하지만 그 친구들은 엄마가 데리러 오지 않잖아? 소울이는 엄마가 데리러 갈 거니까 선생님이랑 즐겁게 지내고 있어. 소울이 데리러 헐레벌떡 갈게."

"엄마, 헐레벌떡 말고, 성큼성큼 와. 아니면 후다닥 와."

"알았어. 어린이집 차 왔다. 이따가 저녁에 보자."

"응. 엄마!"

슈퍼우먼이 아니라
진정한 나로 살아가기

✳

이솝우화 〈토끼와 거북이〉 이야기를 모르는 사람은 없다. 우리는 아무리 뛰어난 능력이 있어도 최선을 다하지 않으면 실패한다는 것을 토끼를 보며 배운다. 반면 꾸준히 노력하면 성공할 수 있다는 것을 거북이를 보며 알게 된다. 내가 〈토끼와 거북이〉를 통해 교훈을 가슴에 새겨 넣은 지 몇십 년이 지났다. 그 교훈이 때론 나의 가치관이 되기도 했다. 하지만 매 순간 최선을 다하고 노력해야 한다는 것이 항상 옳지는 않다는 것을 느낄 때가 있다.

직장을 다니면서 공기업에 들어가기 위해 밤마다 공부하던 친구가 있다. 그 친구는 몇 년간 주경야독했지만 결국 이직에 실패했다. 열심히 일하며 투잡을 하다가 결국 건강이 나빠져 치료비가 나가게 된 지인도 있다. 보험 회사 직원으로 근무할 때 암에 걸린 분들 중 워킹맘이 많았다는 지인의 말에서도

(개인적인 의견일 뿐이다) 열심히 살아도 모든 것을 다 가질 수는 없다는 생각이 들었다.

〈토끼와 거북이〉의 뒷이야기를 상상한 그림책이 있다. 《슈퍼 거북》과 《슈퍼 토끼》다. 집에서 가까운 어린이 도서관에 들렀을 때 아이가 가는 곳에 따라 들어갔더니 《슈퍼 거북》 빅북이 있었다. 그렇게 《슈퍼 거북》을 먼저 만났다. 보통의 그림책만 보다가 커다란 책을 보니 신기해서 아이와 같이 읽기 시작했다.

《슈퍼 거북》은 토끼와의 달리기 경주에서 이긴 거북이 꾸물이의 이야기다. 토끼를 이긴 꾸물이는 순식간에 슈퍼스타가 된다. 온 도시에 슈퍼 거북 열풍이 분다. 다른 동물들은 거북이 등딱지를 메고 다닌다. 거북이를 주인공으로 한 영화가 개봉되기도 한다. 하지만 꾸물이는 이웃들이 자신의 진짜 모습을 알게 될까 봐 걱정한다. 성실한 거북이답게 도서관에서 빨리 달리는 방법이 소개된 책을 모조리 빌려와 읽는다. 진짜 슈퍼 거북이 되기 위해 노력한다. 비가 오나 눈이 오나 연습에 연습을 하며 빠른 거북이로 거듭나게 된다. 하지만 꾸물이는 전혀 행복하지 않다. 본래의 모습대로 느긋하게 먹고 자고 느리게 걷고 싶다. 그러던 어느 날 토끼가 다시 도전장을 내민다. 꾸물이는 지친 몸을 끌고 어쩔 수 없이 경기에 나간다. 경기 중에 토끼가 보이지 않자 꾸물이는 바위틈에서 잠시 쉰다.

그러다 잠이 들어버린다. 이번 경기의 승자는 토끼다. 이웃들은 다시 토끼에게 환호하기 시작한다. 아무에게도 관심을 받지 못한 꾸물이는 외롭게 집으로 돌아간다. 하지만 아주 오랜만에 단잠에 빠진 꾸물이는 세상 누구보다 행복한 표정을 짓는다.

《슈퍼 토끼》의 이야기로 넘어가 보자. 《슈퍼 토끼》는 경주에서 진 토끼 재빨라의 이야기다. 꿈에서도 생각해보지 않았던 패배의 쓴맛을 본 재빨라는 졌다는 사실을 받아들일 수 없다. "이 경기는 무효야"라고 아무리 외쳐도 이웃들은 자신을 외면한다. 이웃들은 스타가 된 꾸물이에게만 관심을 쏟는다. 재빨라는 애써 괜찮은 척하지만 사실은 괜찮지 않다. 달리기의 '달'자만 들어도 귀가 쫑긋 선다. 이웃들이 경기에서 진 자신을 흉볼까 봐 신경이 쓰인다. 결국 정말 좋아하던 달리기를 그만두기로 한다. 빨리 달리기 위해 노력했던 꾸물이와 반대로 '절대 뛰지 않는 토끼'가 된다. 무기력에 빠져 있던 재빨라는 어느 날 길을 가다가 달리기 경주에 휩쓸린다. 달리지 않겠다고 맹세했지만 달리기 본능이 깨어나고 재빨라의 심장은 다시 세차게 뛴다.

자신의 행복보다 남들의 환호와 기대에 맞추기 위해 끊임없이 노력하는 꾸물이, 달리고 싶다는 자신의 마음을 외면하고 무기력에 빠지게 된 재빨라. 이 두 캐릭터는 나와 닮아 있었다. 꾸물이와 재빨라는 자신이 원하는 삶으로 돌아가며 진정한 행복을 되찾는다.

나는 일과 육아를 다 잘하는 슈퍼우먼이 되기 위해 내가 할 수 있는 수준을 넘어서야 했다. 회사에서는 늘어나는 역할을 모두 받아들였다. 메인 업무 외에 다른 역할이 늘어날 때도 힘이 들었지만 조절해달라고 요청하지 않았다. 육아는 남편에게 도와달라고 할 수 있었지만, 주말 부부라는 이유로 말을 꺼내지 않았다.

나는 일도 하고 육아도 하지만 계속 발전하는 사람이 되고 싶었다. 아니, 남들에게 그런 모습으로 보이고 싶었을지도 모르겠다. '잘하는 사람'이라는 가면을 쓰고 지내다가 나는 결국 과부하가 걸렸고 피곤했고 지쳤다. 끊임없이 발전하는, 성공한 슈퍼우먼이 되고 싶었던 마음이 오히려 독이 됐다.

지금의 나는 가면을 벗어던지고 아이들에게 좀 더 집중하고 할 수 없는 일은 조절해가고 있다. 가족과도 시간을 많이 보내며 더 나은 관계를 맺으려고 노력한다. 슈퍼우먼의 가면을 벗고 진정한 내 행복을 찾고 있다.

지금 우리가 사는 세상은 뛰어난 능력이나 많은 돈이 없다면 아등바등 살아야 겨우 중간 정도 한다. 엄마들은 아이가 조금이라도 뒤처질까 걱정되는 마음에 수학학원, 영어학원, 예체능 학원을 알아본다. 첫째 아이는 아직 피아노 학원에 다니지 않는다. 음악을 제대로 배우지 못한 아이를 보며 나중에 리코더나 잘 불 수 있을까 하는 걱정이 들기도 한다. 그런 생각을 하다 보면 당장이라도 피아노 학원에 보내야만 할 것 같다. 남들보다 잘하진 못하더라도 뒤처지진 않아야 싶기 때문이다. 경쟁에서 살아남기 위한 노력은 어쩔 수 없이 존재한다. 하지만 인생을 사는 주체인 내가 나를 외면하지 않으면 된다. 삶에서 가장 중요한 부분은 꾸물이와 재빨라가 느낀 것처럼 자신의 행복이기 때문이다.

"누리야, 누리는 뭐 할 때 가장 즐거워?"

"종이비행기 접을 때."

"그거 접어서 날리려고?"

"어, 얼마나 멀리 나는지 보려고. 나는 종이비행기 멀리 날리기 국가대표가 될 거거든."

아이는 종이비행기를 접을 때 무척 행복해 보인다. 누구에게 잘 보이고 싶어 종이비행기를 접는 것이 아니다. 아이는 종이비행기 접기가 너무 재미있고 그러다 보니 세계 최고가 되고 싶다는 마음이 들어서 종이비행기 멀리 날리기 국가대표가 될 것이라 한다. 한번 날리면 40미터를 나는 종이비행기를 만들 것이라고 한다. 이 구체적인 꿈이 누군가의 기대에 맞춘 것이 아니라 아이의 내면에서 생겨난 것이라 참으로 다행이라는 생각이 든다.

그림책은 아이에게 흥미와 재미를 주기도 하지만 묵직한 교훈을 던지기도 한다. 그 메시지를 따라가다 보면 나와 아이들이 떠오른다. 나는 오늘 나의 행복과 아이들의 행복에 집중했을까? 그런 질문을 하면 여러 선택지 앞에서도 좀 더 나에게 알맞은 선택을 할 수 있다. 무조건 열심히 최선을 다해 노력하는 것이 아니라 나에게 알맞은 그 무엇을 찾을 수 있다.

행복이 어디에 있는가에 관한 질문에 붓다는 "내 안에 있어요"라고 답했다. 진정한 행복은 자신의 내면을 들여다보고 진정한 자신으로 살아갈 때 찾아오는 것이다. 거북이 꾸물이와 토끼 재빨라가 자기의 행복에 집중하게 된 것처럼 모두 내면의 행복을 찾아 살아가길 바란다.

동시집과 말놀이로
아이와 노는 법

✳

아이에게 의성어와 의태어가 많이 들어간 책을 읽어주면 좋은 점이 있다. 아이와의 말놀이가 재미있어진다는 것이다. 육아는 참 힘들다. 힘들다가도 아이들의 말 때문에 웃음이 나기도 한다. 시간이 한참 지난 뒤 아이가 했던 말을 떠올리면 피식 웃음이 날 때도 있다.

첫째 아이 생일이었다. 아이는 소고기가 먹고 싶다고 했다. 남편과 나는 아이들을 데리고 유명 프랜차이즈 식당에 가 스테이크를 주문했다. 몇 분이 지나 뜨거운 판에 지글지글 익고 있는 소고기가 나왔다. 그것을 본 아이가 고기 냄새를 맡으며 말했다.

"음, 소테이크!"

아이는 스테이크를 소테이크로 착각한 것은 아니었다. 아이 나름의 말놀이였다. 우리는 그 점을 아주 높이 평가했다. 그리고 재미있다고 껄껄대면서 맞장구를 쳤다.

나는 아이의 말놀이를 참 좋아한다. 말로 장난을 치며 노는 것이 참 재미있다. 첫째 아이가 더 어릴 때 '난리 났네'와 '엉망진창'을 섞어 '난리진창'이라고 말한 것도 기억하고 있다. 뭔가 어색하면서 이해가 되는 새로운 단어가 참 재미있었다. 그런 반응 때문인지 첫째 아이는 재미있는 말을 기억했다가 나에게 말하는 것을 좋아한다.

"엄마 얼굴에 무슨 냄새야?"

"아, 오일 새로 산 거 있어서 발라봤어."

"카, 놀라유?"

"하하하하하하하하."

아이들은 항상 놀이를 즐긴다. 놀이로 성장한다고 해도 무리가 아닐 것이다. 우리 아이에게는 여러 놀이 중 하나가 말놀이였다. 첫째 아이가 일곱 살 때 《말놀이 동시집》을 선물했다. 말놀이를 통해 낱말을 익히고 재미난 소리를 맛보게 했다. 《말놀이 동시집》에 수록된 동시 중 〈파〉라는 동시가 있다. 짤막한 동시 한 편에 파가 열 번이 나온다. 우리는 같은 소리가 들어 있는 낱말을 반복적으로 읽었다. 파 냄새를 맡으며 재채기를 "에취, 에취" 해보는 상상 놀이도 함께해봤다.

이 책을 활용하는 방법을 소개한다.

《말놀이 동시집》 활용법

1. 다 읽어주지 않는다.

책 한 권은 190쪽 정도라 한 번에 다 읽어주려면 엄마의 목이 아프다. 그리고 시간이 지날수록 서둘러 읽게 된다. 아이와 읽고 싶은 페이지에 멈춰서 그 부분만 읽어도 된다. 아니면 차례를 보고 좋아하는 단어를 찾아 읽어보는 것도 좋다. 첫째 아이는 책을 쭉 훑어보다가 마음에 드는 그림에서 멈췄다. 그리고 그 부분을 읽어달라고 하거나 아이가 직접 읽었다.

2. '네가 말하는 게 시'라는 것을 알려준다.

나는 랩도 시라고 생각한다. 랩도 운율이 살아 있다. 《말놀이 동시집》을 읽어주면서 랩에 대해 아이와 이야기해봤다. 나는 랩의 기초도 모르고, 그냥 말하는 마지막에 "요"만 가져다 붙였다. 아무 말 대잔치였는데도 아이는 낄낄대며 좋아했다. 아이에게도 엄마처럼 랩을 해보라고 했다. 아이도 즐겁게 아무 말 대잔치에 참여했다. 나는 아이가 말한 게 바로 시라고 했다. 잘했다고 칭찬을 해주니 아이는 어깨춤을 추며 《말놀이 동시집》을 한 번 더 찾아 읽게 됐다.

3. 동시집을 필사한다.

아이가 일곱 살 때 한글 쓰기 연습을 해야 했다. 그래서 《말놀이 동시집》 필사를 권했다. 여덟 칸짜리 국어 공책을 사서 아이에게 띄어쓰기 규칙을 지키며 천천히 써보라고 했다. 물음표 같은 문장 부호도 따라 써봤다.

반복되는 단어를 그대로 따라 쓰면서 아이는 말놀이와 글에 조금 더 흥미를 느끼게 됐다. 어느 날은 아이가 원하는 대로 책의 빈 곳에 그대로 따라 쓰게 했다. 띄어쓰기는 언제 하는 것인지 단어와 단어 사이에 체크 표시도 해보게 했다.

아이에게 동시집을 선물해보자. 말의 재미를 알려주고 감성을 북돋아주자. 그리고 아이가 하는 말에 크게 웃어주자. 아이는 더 신이 나서 재미있는 말을 해준다. 그럼 육아도 더 재미있다.

우걱우걱, 아빠가 백숙을 맛있게 먹고 있다. 배가 볼록 나온 아빠를 보고 아들이 말한다.

"동물원 차가 아빠 데리러 오겠다."

창밖으로 보이는 노을이 참 아름답다. 딸이 말한다.

"엄마, 하늘에 핑크색 솜사탕 구름이 떠 있어."

5장

독서 하나로
새로운 인생을 사는 법

걱정을 버리고
시간을 버는 엄마

✴

"제가 우리말 중에서 가장 좋아하는 말이 '아름다움'이라는 말입니다. 아름다운 세상, 아름다운 사람, 아름다운 사회. 여러분, 아름다운 삶을 사시길 바랍니다."

넷플릭스 드라마 〈오징어 게임〉 흥행 이후 오일남 역으로 출연했던 오영수 배우가 첫 인터뷰에서 한 말이었다. 나이 지긋한 할아버지 배우가 한 말은 큰 울림을 줬다.

아름다운 삶을 산다는 것이 무엇을 의미하는지 생각해봤다. 내가 나로서 당당하게 사는 것을 의미하는 건 아닐까? 그리고 나로 살아가는 것이란 다시 오지 않을 지금, 이 순간을 만끽하며 사는 것 아닐까?

내가 나로 사는 것은 결코 쉬운 일이 아니다. 여러 관계 속에서 책임감을 느끼기 때문에 나를 돌보는 것이 우선이 되지 못할 때도 많다. 나의 경우 내가 진짜 하고 싶은 일은 계속

미뤄야 했고, 다음을 기약해야 했다. 운동이든 낮잠이든 내가 원하는 것은 '애들 크면 해야지' '회사 그만두면 해야지'라고 미루고 미뤘다.

코로나 백신 2차 접종을 했던 날이었다. 다른 사람들처럼 나도 38도가 넘는 열이 났다. 회사에는 백신 휴가를 내고 아이들을 어린이집과 학교에 보낸 뒤 오전 내내 쉬었다. 비록 열은 나고 온몸은 몸살 난 듯 쑤셔댔지만 나쁘지만은 않은 경험이었다. 그동안 내가 하고 싶었던 침대와 한 몸이 되기를 실천했기 때문이다. 어쩔 수 없이 아파서 누워 있긴 했지만 오전 내내 아무 생각 없이 침대에서 뒹굴뒹굴해본 것이 얼마 만인지 내심 좋았다. 집안일과 회사 일 모두 내팽개치고 온전히 내 몸만 생각하며 쉬었다.

아파야만 내가 원하는 것을 할 수 있었지만, 이제는 안다. 지금 이 순간을 만끽한다는 것은 미래에 대한 두려움, 걱정, 삶의 무게를 내려놓고 눈앞에 있는 행복을 알아차리는 것이라는 것을 말이다.

최근에는 큰 결심을 했다. 회사를 그만두기로 한 것이다. 내가 회사를 그만둔다는 말을 듣고 사람들의 반응은 두 가지였다. 그동안 한 일이 아깝지 않냐는 반응 하나와 새롭게 시작하는 모습이 부럽다는 반응이었다. 그런데 딱 한 분, 내가 평소 멋있는 분이라고 생각하던 여자 부장님은 이렇게 말했다.

"자기야, 아주 잘했어. 진짜 잘했어. 나는 어쩌다 보니 이렇게 계속 살고 있는데 진짜 이 시간은 절대 안 돌아온다. 아이들 여덟 살, 네 살이지? 지금 결정 너무 잘했어. 축하해. 하나의 문이 닫히면 새로운 문이 열린다잖아. 진짜 너무 잘한 선택이야."

나의 결정을 내 입장에서 생각해보고 진심으로 잘했다고 말해준 분이었다. 내 속을 훤히 들여다본 것 같았다. 본인이 살면서 느꼈던 중요한 깨달음을 알려준 분이기도 했다. 부장님이 말한 것처럼 지금 이 시간은 절대 다시 돌아오지 않는다. 너무나도 공감이 되는 말이어서 나는 "맞아요. 맞아요" 하며 박수를 쳤다.

사실 나는 회사를 그만둘 용기가 없었다. 남편이 돈을 벌고 있어도 가족을 위해 나도 벌어야 한다고 생각했다. 일을 그만두면 내가 쌓아온 경력과 시간을 모두 잃을 것 같았다. 경력이 단절되면 회사를 그만둔 것을 후회할 것 같았다. 사실 그만두고 싶다는 생각은 오래전부터 하고 있었다. 하지만 그 생각은 미래에 대한 두려움 앞에서 계속 무시됐다.

《내가 알고 있는 걸 당신도 알게 된다면》은 우리보다 더 빠르게 인생의 진리를 깨달은 할머니, 할아버지가 전하는 이야기다. 나는 이 책을 읽고 용기를 얻었다. 내가 어떤 사람인지, 나는 어떤 것을 잘하는지, 무엇을 좋아하는 사람인지에 집중했다. 돈도 중요하지만 내가 사랑하는 일, 좋아하는 일, 행복한 일을 해야겠다는 생각이 들었다.

하나의 문이 닫히면 새로운 문이 열린다고 했던 부장님의 말이 맞았다. 다니던 직장을 그만두니 집에서 할 수 있는 일이 생겼다. 영어 자료 평가에 대한 프로젝트를 받아서 기간 내에 마무리하는 일이다. 이 일도 준비 기간이 필요해서 여러 번 시험을 봐야 하고 통과를 해야 한다. 마감의 압박도 있고 시간 관리를 더 철저히 해야 한다. 일하는 만큼 돈을 받는 구조라서 수입은 많이 줄었지만 오히려 시간을 벌었다고 생각한다. 장거리 출퇴근 시간이 줄어든 만큼 가족과 나에게 집중할 수 있는 시간이 생겼다. 아이들은 여전히 바빠 보이는 엄마지만 집에 있는 것만으로도 행복해한다.

"네가 이제까지 천상의 가치를 추구했다면 이제 그 시선을 너 자신에게 돌려라."

철학자 니체의 말이다. 최근《니체의 인생 강의》라는 책으로 니체의 철학을 만났다. 니체는 우리에게 '위버멘쉬'가 되라고 한다. 간단히 말해 위버멘쉬는 자신을 넘어서는 인간 유형, 초인을 뜻한다. 니체가 말하는 '초인'이 되려면 자기 자신을 끊임없이 돌아봐야 한다. 외부에 가 있던 시선을 내면으로 돌려야 한다.

나는 책을 읽으며 미래에 대한 두려움을 버렸다. 지금 이 순간에 집중한다. 내면의 목소리를 따랐고 직장을 그만둘 용기와 또 다른 기회를 얻었다. 일하는 엄마들에게 회사를 그만두라고 말하는 것은 아니다. 일하고 육아하는 바쁜 상황 속에서도 자기의 목소리를 놓치지 말라는 말이다. 자기가 하는 일에서 소명의식을 느끼고 재미를 느낀다면 그 마음을 따르면 된다. 나는 책임감과 두려움에 가려 내면의 목소리를 무시했다. 월급은 줄었지만 시간을 번 지금은 매일 꿈을 꾼다. 책을 읽으며 떠오르는 생각을 노트에 적어본다. 내가 사랑하는 일, 잘할 수 있는 일을 찾아 행동으로 옮기려고 한다. 새롭게 도전할 수 있는 일도 생각해본다. 직장을 그만두면 끝이라고 생각했는데 새로운 시작이 기다리고 있었다.

〈오징어 게임〉의 오영수 배우가 "아름다운 삶을 살아라"라고 말한 것처럼 각자가 생각하는 아름다운 삶의 정의를 찾아보길 바란다. 나는 바쁜 일상 속에서도 온전히 나로 사는 것, 그리고 그 속에서 소소한 행복을 찾는 것 그것이 아름다운 삶이라고 생각한다. 책을 읽으며 이 모든 것을 깨닫게 돼서 얼마나 다행이고 감사한지 모른다.

다시 오지 않을 지금, 이 순간에 집중해보자. 두려움을 떨치고 마음이 시키는 대로 행동해보자. 당신만의 아름다운 삶이 펼쳐질 것이다.

읽고 쓰면서
경력을 이어간다

✳

통계청의 지역별 고용 조사 자료에 의하면, 15세 이상 54세 이하의 기혼 여성 중 경력 단절 여성의 비율이 17% 정도였다. 경력 단절 여성은 결혼, 임신 출산, 육아, 자녀 교육(초등학생), 가족 돌봄 때문에 직장을 그만둔 여성을 말한다. 경력 단절 사유 중 큰 비중을 차지한 것은 육아였다. 나도 직장을 그만둔 이유 중 하나가 육아다. 하지만 직장을 그만뒀다고 해서 경력을 단절시키고 싶지 않았다.

경력을 이어가기 위해 계속 읽고 써야 했다. 인생 2막에서는 내가 가진 경험과 능력을 활용해 내가 진짜 원하는 것을 하고 싶다. 그러려면 꾸준히 아이디어를 얻어야 하고 나를 알아야 한다. 그래서 책을 읽고 글을 쓴다.

《백만장자 메신저》를 읽으면서 회사 경력 외에도 어떤 일을 할 수 있을지 정리해보았다. 경력 단절이 아닌, 15년 동안

의 직장 생활과 워킹맘으로 살아온 경험을 살려 경력을 이어
갈 나의 방법을 소개해본다.

《백만장자 메신저》에서 인사이트 얻는 법

나는 그동안 누군가에게 고용돼 지식노동자로 살았다. 이
제는 내가 가진 능력을 기반으로 창조적인 삶을 살고자 한다.
이 책에서는 나의 인생 경험이 다른 사람에게 도움이 될 수 있
다고 말한다. 나의 경험과 지식이 돈이 될 수 있다고 한다. 장
과 장 사이 주제별 질문이 있다. 책을 읽고 책이 너덜너덜해질
정도로 질문에 답을 적었다. 나만의 아이템을 찾는 데도 도움
이 됐다.

'나만의 특화된 주제 찾는 법' 질문 예시
① 내가 항상 공부하고 흥미를 느끼는 주제는 무엇인
   가?
② 살면서 즐겨 하는 일은 무엇인가?
③ 내가 항상 더 배우고 싶어 하는 분야는 무엇인가?

나만의 콘텐츠 이력서를 쓰는 법

1. 잘하고 좋아하는 것에 대한 이력서

내가 잘하는 것을 적는다. 내가 잘하는 것이 생각나지 않는다면, 타인이 나에게 한 질문을 떠올려보자. 예를 들면 "너는 어떻게 살림을 이렇게 깔끔하게 하니?" "너는 인테리어 감각이 있는 것 같아. 어디서 이런 물건을 사?" "아이가 영어를 잘하는구나. 영어 학습 정보 좀 줄래?" 이런 질문을 받는다는 것은 잘하는 분야가 있다는 것이다. 혹시라도 이런 질문을 받아본 적이 없다면 내가 돈을 어디에 가장 많이 쓰는지 생각해 보자. 그리고 그 관심사에 관한 내용으로 이력서를 채워보자.

2. 직장 경력에 대한 이력서

회사에서 쌓은 경력 중 퇴사 후에도 활용할 수 있는 부분이 있는지를 찾아보자. 내가 직장을 다니며 이뤄낸 것을 적는다. 사소해 보이는 것까지 모두 적는다. 내가 겪은 특별한 경험도 포함한다. 나는 외국계 기업을 다녔기에 매일 영어를 썼다 (이메일, 프레젠테이션, 엑셀도 영어로 사용했다). 외국인을 자주 만났고 직원 채용 시 면접관으로 참여한 적이 있다. 자료 분석 능력이 있다. 많은 데이터를 빠르게 정리한다. 엑셀 및 PPT 사용이 능숙하다. 사내 교육 트레이너였다. 프로젝트를 리드했다.

3. 이력을 정리해 수익과 연계시킬 수 있는 아이템을 골라본다

요즘은 크몽, 탈잉, 숨고, 클래스101, 솜씨당 등 다양한 재능 공유 플랫폼이 있다. 이런 플랫폼에서 자신의 노하우를 판매할 수 있다. 《N잡하는 허대리의 월급 독립 스쿨》에서는 자신의 노하우로 수익을 만드는 파이프라인에 대해 자세히 설명하고 있다. 이 책을 참고해 팁을 얻는 것도 좋다.

독서 : 독서 코칭 및 독서 모임 운영

워킹맘 경험 : 책 쓰기

영어 이력서 작성 경험 : 영문 이력서 쓰기 노하우 공유

자료 분석 및 요점 정리 능력 : 블로그 서평 활동, 블로그 활성화 후 애드 포스트 수익

영어 사용 능력 : 번역 및 외국 프로젝트 참가

경력은 단절될 수도 있지만 경험은 이어진다. 직장을 그만둬도 내가 했던 모든 경험은 살아 있다. 그것을 알아차리고 경험을 수익화하기 위해서는 나를 알아가는 단계가 필요하다. 그래서 독서와 글쓰기가 필요한 것이다. 나는 여전히 책을 읽고 필사하고 독서 노트에 생각을 정리한다.

책을 읽고 글을 쓰는 것은 나와 내 주변에 대한 관찰력을

기르는 일이다. 읽고 기록하면 내게 맞는 일을 찾을 수 있다. 나도 예전에는 회사를 그만두는 것이 두려웠다. 퇴사 이후의 삶이 걱정됐다. 혹시 나와 같은 두려움과 걱정이 있다면 자신에게 맞는 책을 읽고 생각과 마음을 글로 써보기를 권해본다. 그 과정을 통해 어떤 옷이 나에게 맞는지 발견할 수 있을 것이다.

새로운 인생을
준비하는 힘

*

야생사과는 20년이 넘도록 사과나무를 뜯어 먹는 소에 맞서 스스로를 보호한다. 나무 안쪽에 어린 가지를 뻗어낸다. 그 가지는 활기차게 자란다. 작은 나뭇가지는 나무가 돼 소들이 그늘 밑에서 쉴 수 있도록 한다. 사과나무는 새로운 삶을 살아간다.

《시민 불복종》에는 헨리 데이비드 소로의 자연 에세이가 담겨 있다. 그중 하나가 〈야생사과〉다. 〈야생사과〉를 읽으면서 자신을 떠올려본다. 나도 독박 육아 워킹맘이라는 상황에 좌절을 경험하고 무조건 잘해야 한다는 마음에 스스로 상처를 냈다. 하지만 그런 경험이 있었기에 책을 만날 수 있었고 작고 어린 가지를 만들 수 있었다. 그리고 이제 나만의 고유한 열매를 맺으려고 한다. 지금 나는 새로운 삶을 살고 있다.

책을 통해 새롭게 만난 인생

1. 새로운 직업, 이밸류에이터

직장에 다닐 때는 영어 실력이 부족하다고 생각했다. 본사에는 해외에서 공부한 실력자들이 많았고, 영어는 기본에 중국어까지 하는 사람들도 있었다. 나와 영어로 일했던 중국인들을 보면서도 기가 죽었다. 하지만 책을 읽으며 이력을 정리해보니 영어는 내가 내세울 수 있는 장점이었다. 나는 지금 이밸류에이터라는 직업을 가지고 있다. 영어를 활용해 주어진 주제에 대한 프로젝트에 참여하는 것이다. 얼마 전 한 프로젝트에 참가 신청을 했다가 시험에 두 번이나 떨어지기도 했다. 너무 쉽게 봤던 탓이다. 이제는 준비를 철저히 하고 아이들이 없는 오전 시간에 집중해서 일한다.

2. 새로운 세상, 작가

나는 독서로 새로운 세상을 열었다. 읽다 보니 쓰게 됐고 작가가 됐다. 많이 읽으면 쓰게 된다는 말은 맞는 말이었다. 나는 글쓰기가 무엇인지, 어떻게 쓰는지도 몰랐다. 그런데 지금 책을 쓰고 있다. 글을 잘 쓰기 위해서는 다독, 다작, 다상량이 필요하다고 한다.《읽고 생각하고 쓰다》에서는 리터러시 지능이라는 말을 통해 글을 읽고 쓰는 것을 강조한다. 다독과 글쓰기는 자연스럽게 연결돼 작가라는 새로운 세상을 만나게 했다. 작가가 된 이후의 삶은 어떨지 기대해본다. 그리고 작가가 된 후의 새로운 목표도 그려본다. 상상만 해도 설레고 두근거린다.

3. 새로운 시간, 엄마

"엄마, 1시 50분까지 학교 정문으로 학원 가방 들고 와."

"어, 늦지 않게 가 있을게."

첫째 아이가 방과 후 수업 준비물이 많은 날이었다. 영어 학원 가방까지 들고 가려면 무거울 것 같았다. 그래서 수업이 끝나는 시간에 맞춰 학원 가방을 들고 나가기로 했다. 아이에게 시간을 쓸 수 있다는 사실에 감사한다.

아이가 등교, 등원하는 시간을 제외하고 새벽부터 오전은 온전히 내 시간으로 쓰고 있다. 일하고 책 읽고 글을 쓴다. 점심을 먹고 나면 아이들에게 집중한다. 학교에 다니는 아이는 학교와 학원 수업 사이에 친구들과 놀이터에서 신나게 논다. 나는 시간에 맞춰 간식을 주고 아이의 땀을 닦아준다. 어디 불편한 곳은 없는지 마스크가 더러워진 건 아닌지 살펴본다. 오전에는 일, 오후에는 가족에게 충실한 삶을 살고 있다. 첫째 아이가 태어난 이후로 쓸 수 없었던 시간을 함께 쓰고 있다. 또 언제 바빠질지 모르지만 엄마로서 보내는 이 시간을 충만

하게 산다.

4. 새로운 도전, 모임

나는 15년 동안의 직장 생활과 8년 동안의 워킹맘 경험으로 새로운 기회를 만들고자 한다. 최근 블로그를 다시 시작했다. 예전에는 블로그를 일기장처럼 썼다면 지금은 다르다. 워킹맘 경험과 책 리뷰를 쓰며 사람들에게 도움이 되는 문장을 나눈다. 거기에서 좀 더 나아가 사람들과 함께 책을 읽고 대화를 나누는 모임을 운영해보려고 한다. 직장에서 미팅을 하는 것과는 또 다른 느낌이다. 시작도 하기 전이지만 긴장되고 두근거린다. 어떤 모임이 나에게 맞을지, 사람들에게 도움이 될지 고민하고 있다.

〈야생사과〉의 사과나무는 소에게 갉아 먹히지만, 절망에 빠지지 않았다. 오히려 그럴 때마다 짧은 가지를 내밀면서 퍼져나갔다. 사과나무가 절망을 기회로 만들어 열매를 맺는 것처럼 나도 내 고유의 열매를 만든다. 그리고 그 열매는 단단하게 계속 영글어갈 것이다.

"바로 이때 사과나무의 적들이 미치지 못하는
나무 안쪽으로부터 어린 가지 하나가
환호작약하면서 위를 향해 뻗쳐오른다.
그 가지는 자신이 부여받은 높은 소명을
잊지 않았던 것이며, 이제 당당하게
자기 고유의 열매를 맺는다."

《시민 불복종》, 헨리 데이비드 소로

긍정 확언,
엄마의 꿈을 찾다

✳

최근 인상 깊게 본 영화 중에 〈컨택트〉라는 영화가 있다. 지구에 열두 개의 외계 비행물체가 등장한다. 불안에 떠는 사람들은 이 외계 비행물체가 지구에 온 이유를 밝혀내려고 안간힘을 쓴다. 주인공인 언어학자 루이스 박사가 비행물체 내부로 진입해 일곱 개의 손 또는 발을 가진 존재라는 이름의 외계 생명체 헵타포트와 마주하게 된다. 박사는 여러 차례 소통하면서 이들이 하는 말과 문자가 비선형적라는 것을 알게 된다. 이들이 쓰는 언어는 과거와 미래가 하나의 공간에 존재하며, 하나의 공간에 모든 시간이 담겨 있다. 루이스 박사는 헵타포트의 언어를 연구하고 배우면서 그들의 방식으로 사고하게 된다. 그리고 미래를 볼 수 있게 된다.

　이 영화는 인간의 두려움이라는 철학적인 메시지를 던져주지만 나는 언어의 위대함에 먼저 초점이 갔다. 루이스 박사가 헵타포트의 언어를 이해하게 되면서 그들의 사고능력까지 갖추게 된다는 것이 놀라웠다. 어떤 언어를 쓰느냐에 따라 생각하는 방식이 달라진다는 의미로 받아들였다.

내가 일과 육아로 힘든 것은 사실이다. 하지만 삶에서 소소하게 빛나는 순간, 행복한 순간을 인지하지 못한 채 힘들다고만 생각한다면? 아마 내가 생각하는 방식은 변하지 않고 힘든 것에만 초점이 가 있을 것이다. 의식적으로라도 소소한 행복을 주는 순간을 찾아내 감사함과 행복함을 만끽해야 한다. 그리고 행복하고 감사하다는 말을 계속해야 한다. 언어와 생각은 그만큼 위대한 것이기 때문이다.

내가 읽은 책 중에 긍정적인 말과 생각의 중요성을 일깨워주는 책이 있었다.《2억 빚을 진 내게 우주님이 가르쳐준 운이 풀리는 말버릇》과《2억 빚을 진 내가 뒤늦게 알게 된 소~오름 돋는 우주의 법칙》이다. 이 책에서는 원하는 것이 이미 실현된 것처럼 완료형으로 말해야 하며 말을 긍정적으로 바꿀 것을 강조한다. 부정적이었던 평소 말버릇과 사고방식을 긍정적으로 바꾸게 해준 책이었다.

일이 잘 풀리지 않을 때는 "짜증 난다"는 말을 자주 했다. 같은 상황에서도 부정적인 면을 먼저 봤다. 여행을 가서도 바람이 불면 '아이가 감기라도 걸리면 어떡하지?' 하며 걱정부터 했다. 걱정을 달고 살던 내가 긍정적인 마인드를 심어주는 책을 읽으면서 말과 생각을 긍정적으로 바꾸게 됐다.

나는 '감사합니다'라는 단어를 하루에 백 번씩 말하려고 노력한다. 카운트 앱을 써서 '감사합니다'를 말할 때마다 횟수를 기록하고 있다. 최근에는 '사랑합니다'라는 단어를 추가했다. 그리고 '감사합니다'와 '사랑합니다'를 하루에 백 번씩 말하고 있다. 이렇게 말하면서 생각도 바뀌고 있다는 것을 느낀다. 부정적인 생각에서 감사와 사랑으로 변하고 있다.

좀 더 나아가 매일 긍정 확언을 한다. 내 꿈과 원하는 삶에 대한 긍정 확언이다. 나는 긍정 확언을 하며 꿈을 현실로 만들었다.《나는 왜 일하는가》를 읽다가 독서로 달라진 내 이야기를 책으로 써봐야겠다고 생각했다. 내 이야기가 누군가에게 도움이 될 수도 있다는 생각이 들자 책을 써야겠다는 소명감이 느껴졌다. 그리고 '나는 5년 안에 책을 출판한다'라고 노트에 적었다. 그 이후 목표를 행동으로 옮겼다. 책 쓰기에 앞서 글쓰기를 배워야 한다는 생각에 온라인 글쓰기 수업을 들었다. 하지만 첫 수업부터 좌절감을 느꼈다. 글을 잘 쓰는 분들은 아주 많았다. 하지만 멈추지 않고 서평에 도전했다. 여러 책 중에《보통 사람을 위한 책 쓰기》서평단에 당첨이 됐다. 나에게 필요한 책이 나에게 왔다. 그 책을 읽으며 책 쓰기의 기본을 알게 됐고 조금씩 나만의 사례를 모으기 시작했다. 이것만으로는 혼자서 책을 내기에 역부족이었다.

다음에 '나는 작가 열 명을 안다'라는 긍정 확언을 노트에 적었다. 그 이후로 놀라운 일이 일어났다. 가까운 이웃집에 작가가 살고 있었다. 아파트 엘리베이터를 같이 타고 1층으로 내려가며 잠시 대화를 하다가 그분이 작가라는 것을 알게 됐다. 내공이 탄탄한 작가였다. 나는 긍정 확언 이후 가까운 이웃이 작가로 나타났다는 것에 큰 의미를 가지게 됐다. 어느 날은 책을 읽다가 지에스더 작가님의 블로그를 알게 됐다. 블로그에 들어갔다가 책 쓰기 특강이 있다는 것을 알게 됐고 특강에서 임성훈 작가님을 알게 돼 책 쓰기를 현실화시킬 수 있었다. 그리고 신기하게도 여러 작가님을 알게 됐다.

지금은 매일 긍정 확언을 쓰고 있다. 그 안에는 나의 꿈에 관한 이야기도 있다. 내가 진짜 좋아하는 일, 사랑하는 일을 하고 싶다. 엄마들에게 독서의 장점을 알리는 강의를 하고, 나중에는 그와 관련된 1인 기업가가 되고 싶다. 독서를 매개로 사람들에게 위로와 공감을 주는 사람이 되고 싶다. 어느 장소에서 어느 강좌를 강의할 것인지, 어떤 1인 기업가가 될 것인지를 구체적으로 상상하며 긍정 확언을 한다. '이 꿈이 진짜 이루어질까?'라고 의심하지 않는다. 하고 싶다는 마음에만 집중하면 된다. 이뤄지지 않는다면 그것은 때가 되지 않아서일 것이다. 지금 내 인생에 이모작이 시작됐다는 생각이 든다. 직장을 그만두면 큰일날 것 같다고 생각했던 내가 새로운 꿈을

꾸고 긍정적인 생각을 하고 있다.

철학자 니체는 낙타, 사자, 어린아이로 변신해 살라고 한다. 낙타는 무거운 짐을 지고 묵묵히 더운 사막을 걸어간다. 낙타는 무거운 짐을 감내하는 정신을 의미한다. 사자는 자유에 대한 의지를 의미한다. 삶을 그대로 받아들이거나 남의 욕구만 충족시키면 안 된다는 것이다. 사자는 나의 의지로 내가 원하는 것이 무엇인지 고민하는 단계를 뜻한다. 마지막으로 어린아이는 자신의 존재를 있는 그대로 받아들이는 정신이다. 어린아이는 삶을 있는 그대로 긍정한다. 삶을 놀이로 받아들인다. 존재하는 그대로의 자신을 느낀다.

나는 낙타로만 살았다. 내 삶의 무거운 짐을 묵묵히 감내하며 걸었다. 나만의 자유 의지를 포효하는 사자의 단계에도 가보지 못했다. 어린아이를 키우고 있는 나는 아이들을 잘 안다. 아이들의 삶은 놀이 그 자체다. 얼마나 놀이에 집중하는지 놀 때는 다른 생각이 비집고 들어갈 틈도 보이지 않는다. 니체가 말한 그대로 아이들은 삶이 긍정이고 존재 그 자체다. 니체의 철학을 읽으며, 아이들을 보며, 나도 삶을 긍정한다. 있는 그대로의 나를 받아들이고 사랑한다. 지금은 내 꿈이 말도 안 되는 것처럼 보일지라도 지금의 생각에 집중하며 내 존재를 느껴본다.

이것이 내가 책을 읽으며 달라진 것이다. 책을 읽고 글을 쓰며 생각이, 그리고 삶이 달라졌다. 이 책을 읽는 누군가에게 내 삶의 변화가 희망이 되길 바란다. 내면의 목소리에 귀기울이고 스스로를 삶의 주인으로 만드는 독서의 기쁨과 행복을 많은 사람들과 함께 느끼고 싶다.

부록

매일 읽는
엄마의 독서 노트

아이가 있는 집의
공간 독서법

아이 그림책 옆에
워킹맘을 위한 공감 에세이나 자기계발서를 둔다.

거실에 눈에 띄는 곳곳에 육아서를 둔다.

거실

주방 한편에
요리, 인테리어 등의 실용서를 둔다.

✸

도서명 : 나는 왜 이 일을 하는가?　　　2020/3/9

오늘의 문장 : P64) 왜 일을 하는가?에 대해 명쾌하게 설명하는 (설명하는 사람은 많지 않다.
'돈을 벌기 위해서' 그것은 목적이 아니다. 결과일 뿐이다.
왜? 라는 질문이 원하는 것은 이유, 목적, 신념 같은 것이다.

질문 : 나는 왜 지금 일을 하고 있는가?
일을 그만둘까 고민하는 이유는 무엇인가?
내 아이를 잘 키우기 위해서는 무엇을 알아야할까?

생각정리 : 내가 일을 하고 있는 이유는 여러가지가 있다.
돈, 경력단절의 두려움, 가족들이 불편하게 지낼수 있다는 궁핍하던 경험을 제공하는 것. 거기에 대한 대응도 없다.
하지만 이 이유들은 결과이지 목적과 신념같은 것은 아니다. 왜? 라는 질문에 대한 답이 빠져있다.

내가 회사 일을 통해 배울 수 있는것는 무엇인가?
작은 조직에서 인한 해방감형, 가족에게도 기대치ㅁ.
영어실력↑. 이런 것들도 내면을 채울 수 있는것은 아니다.

결과만 내고 일을 유지하고 있는 느낌이다.
이제는 내가 진정 원하는 일. 내면을 채우는 일.
그러면서도 돈을 벌수 있는 일을 하고 싶다.
내가 좋아하는 고등교와 관련된 일을 하는것은 어떨까?

〈왜?〉라는 질문은 육아에도 적용해 볼 만하다.
아이가 왜 그런 행동을 할까? 아이에게 나는 왜?
교육을 시키려고 할까? 적절한 순간에 질문을 던져보자.

오늘의 문장을 써보고 질문을 뽑는다.
그리고 자유로운 형식으로 질문에 대한 생각을 적는다.

217

책을 씹어 먹는
필사법

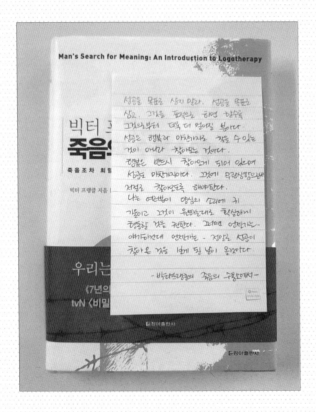

필사 초기 단계에서는
읽을 책 표지에 스티키 노트를 붙여두고
밑줄 친 문장들을 옮겨 적는다.

문장을 옮겨 쓴 스티키 노트를
냉장고 옆 수납장, 세탁실 문, 안방 화장대 등
잘 보이는 곳에 붙여놓고 수시로 본다.

정약용 독서법으로 완성한
보물 노트

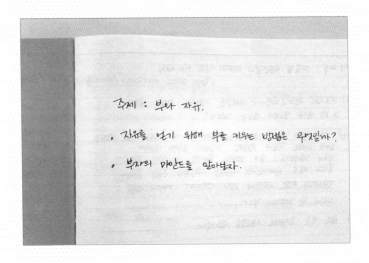

주제 : 부와 자유.

• 자유를 얻기 위해 부를 키우는 방법은 무엇일까?

• 부자의 마인드를 알아보자.

독서 노트 첫 장에
주제나 책의 목적을 적는다.

책 제목 : 이웃집 백만장과 변하지 않는 부의 법칙
　　　　　〈토머스 스탠리, 세라 스탠리 / 비즈니스북스〉

P88) 가치 있는 뭔가 (제품이나 서비스)를 생산해 수익을 창출하고
　　 그 돈을 모으고 투자해 늘릴수 있는가?

P144) 다시 말해 부과가 경제적으로 부유하고는데 도움이 되는 행동을
　　 하면 자녀도 그렇게 행동할 가능성이 크다는 것이다.
　　 부과가 검소하고, 돈과 관련된 문제를 의논하고, 훌륭한
　　 돈관리 기술을 보여주었다고 보고한 사람들은 이런 양육을
　　 경험하지 못한 사람들에 비해 순자비 재산이 많은
　　 사람이 될 가능성이 컸다.

P118) 부는 돈을 존중하는 사람들을 찾아온다. → 부는 돈관리를 존중하는 사람에게
　　　　　　　　　　　　　　　　　　　　　　　　　찾아온다.

　✓ 인사에서 배웠던것 : 관리능력 ┌ 안전
　　　　　　　　　　　　　　　　　└ 자료 분석　　　→　(가치, 서비스 창출)
　　　　　　　　　　　 소통능력 ┌ 발표　　　　　　　　무리없앙 제공함
　　　　　　　　　　　　　　　　└ 공유　　　　　　　　요마　　　┘ 나누기
　　　　　　　　　　　 영어　　　　　　　　　　　　　✓ 적당과 보호고

　✓ 아이에게 도움이 되는 부모의 행동 : 검제 / 절약 / 운동 상위

　－ 내가 이미 가진 능력을 활용해서 가치와 서비스를 창출하려는 것이 중요하다
　✓ 아이에게 금융과 경제에 대한 교육을 시켜야 한다.

　　　　　　　　　　　　　↓
　　　　　　　　방학기간을 활용해서
　　　　　　　　무료한 소비자가 아니라
　　　　　　　　생산자의 관점을 열어주어야 겠다.

10줄 에세이.

라떼는 외부의 단체에게만 있는 것이 아니다. 나는 우리 가정에의 CEO이자 CFO이다. 그래서 나도 라떼이다. 아이들을 이끌어야 하고 가계 운영을 해야한다. 집안의 재정 상태 등에 대해 가족과 공유하고 상의도 해야한다. 그 동안 바빴다는 이유로 이런 활동들 멀리했었다. 부자가 되려고 일은 했지만 부자가 되는 운영과 었다는 나에게 없었다.

직장에서 많은 경험을 했다. 이것도 나의 가슴로 활용할 수 있는 것을 깨달았다. 가치와 서비스 나눔에 집중해서 또 다른 무엇인을 만들어 보는 것이다. 덤벼서 아이에게도 이런 교육을 해주어야 한다.

훗에가 사업이 될 수도 있으며 경험은 나는, 모든 있는 나이이다.

▲ 적었던 내용을 토대로 열 줄 정도 에세이를 작성한다.
▼ 독서 이후의 변화와 성장을 위해 'to do list'를 작성하고,
하나씩 실천하며 점검한다.

to do list.

<나> 1년치 예산 짜기. (가정 지출에 대해 정확히 파악하기)
가계부 쓰기.
봉고 시작하기.

<아이> 용돈 (대)박장에서 생산자 관점 설명해주기
출권대가 보여주기. <삼성전자와 반도체에 대해 설명>
'워런버핏의 백만장자 비밀클럽' 한 쪽지 읽고 이야기 나누기.

222

용도별로 쓰기 편한 필사 노트와 독서 노트를 준비한 뒤 꾸준히 채워 나만의 보물 노트를 완성하자.

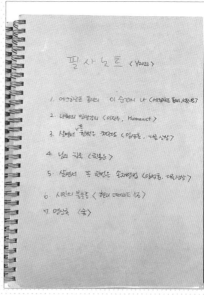

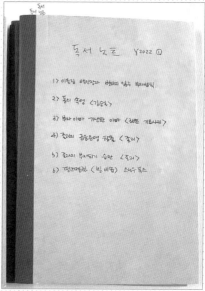

필사 노트

날짜	도서명	No.

오늘의 문장
(페이지도 함께 쓰기)

생각 정리

질문 노트

도서명	날짜

오늘의 문장
(인상 깊었던 문장)

질문

1.

2.

3.

생각 정리

보물 노트

도서명

작가 및 출판사

핵심 문장

생각 정리

오늘의 새로운 아이디어

To do list

10줄 에세이

매일 읽는 엄마
한 뼘 자라는 아이

1판 1쇄 인쇄 2022년 6월 15일
1판 1쇄 발행 2022년 7월 7일

지은이 이자림
펴낸이 고병욱

기획편집실장 윤현주 **책임편집** 이새봄 **기획편집** 김지수
마케팅 이일권 김윤성 김도연 김재욱 이애주 오정민
디자인 공희 진미나 백은주 **외서기획** 김혜은
제작 김기창 **관리** 주동은 조재언 **총무** 문준기 노재경 송민진

교정교열 김민영

펴낸곳 청림출판(주)
등록 제1989-000026호

본사 06048 서울시 강남구 도산대로 38길 11 청림출판(주) (논현동 63)
제2사옥 10881 경기도 파주시 회동길 173 청림아트스페이스 (문발동 518-6)
전화 02-546-4341 **팩스** 02-546-8053
홈페이지 www.chungrim.com **이메일** life@chungrim.com
블로그 blog.naver.com/chungrimlife **페이스북** www.facebook.com/chungrimlife

ⓒ 이자림, 2022

ISBN 979-11-979143-0-0 (13590)

※ 이 책은 저작권법에 따라 보호를 받는 저작물이므로 무단 전재와 무단 복제를 금합니다.
※ 책값은 뒤표지에 있습니다. 잘못된 책은 구입하신 서점에서 바꾸어 드립니다.
※ 청림Life는 청림출판(주)의 논픽션·실용도서 전문 브랜드입니다.